U0319764

高职高专"十三五"规划教材

钢铁轧制工艺技术

主　编　蔡川雄　　杨朝聪
副主编　胡　新　　苏海莎

北　京
冶 金 工 业 出 版 社
2023

内 容 简 介

本书包括轧钢工艺基础，初轧及型、线材生产工艺，板带钢生产工艺及管材生产工艺等四个部分，内容力求通俗易懂，理论计算尽量够用，重点突出工艺过程及控制。

本书可作为高职高专院校教学和轧钢企业职工培训用书，也可供相关技术人员和管理人员参考。

图书在版编目(CIP)数据

钢铁轧制工艺技术/蔡川雄，杨朝聪主编 .—北京：冶金工业出版社，2018.1（2023.12 重印）

高职高专"十三五"规划教材

ISBN 978-7-5024-7658-8

Ⅰ.①钢… Ⅱ.①蔡… ②杨… Ⅲ.①钢—轧制—生产工艺—高等职业教育—教材 Ⅳ.①TG335

中国版本图书馆 CIP 数据核字（2017）第 320045 号

钢铁轧制工艺技术

出版发行 冶金工业出版社		**电 话** (010)64027926	
地 址 北京市东城区嵩祝院北巷 39 号		**邮 编** 100009	
网 址 www.mip1953.com		**电子信箱** service@ mip1953.com	

责任编辑 杨盈园 美术编辑 彭子赫 版式设计 孙跃红
责任校对 卿文春 责任印制 窦 唯
北京印刷集团有限责任公司印刷
2018 年 1 月第 1 版，2023 年 12 月第 3 次印刷
787mm×1092mm 1/16；10.5 印张；248 千字；157 页
定价 31.00 元

投稿电话 (010)64027932 投稿信箱 tougao@cnmip.com.cn
营销中心电话 (010)64044283
冶金工业出版社天猫旗舰店 yjgycbs.tmall.com
（本书如有印装质量问题，本社营销中心负责退换）

前　言

为了提高高职高专院校压力加工专业（轧钢）学生理论水平及操作技能水平，作者依据高职高专学生学情和《中华人民共和国职业技能规定标准——轧钢卷》对轧钢生产现场情况和轧钢各岗位群技能的要求编写了本书。全书包括轧钢工艺基础，初轧及型线、材生产工艺，板带钢生产工艺及管材生产工艺等四个部分，内容力求通俗易懂，理论计算尽量够用，重点突出工艺过程及控制。

本书由蔡川雄编写第1章、第2章和第4章；杨朝聪编写第3章，胡新和苏海莎参与编写，蔡川雄、杨朝聪担任主编。在编写过程中参考了王廷溥主编的《金属塑性加工学-轧制理论与工艺（第三版）》和《轧钢工艺学》等书，并参阅了其他有关资料，在此向作者表示衷心的感谢。

本书可作为高职高专学校教学和轧钢企业职工培训用书，以及相关专业的研究人员参考使用。

由于编者水平有限，书中不妥之处，恳请读者批评指正。

编者

2017 年 9 月

目　录

1 轧钢工艺基础

1.1 钢材种类

众所周知，钢铁的用途十分广阔，在国民经济中所起的作用极为重要。可以说，钢铁生产的水平是衡量一个国家工业、农业、国防和科学技术四个现代化水平的重要标志。在钢的生产总量中，除少部分采用铸造及锻造等方法直接制成型外，约90%以上的冶炼钢要经过轧制才能成为可用的钢材。因此，轧制是钢材的主要成型方法，是钢材生产的最后一个环节。以轧制方法生产的钢材产品规格已达数万种，其主要按钢种和断面形状不同进行分类。

1.1.1 按钢种不同分类

按钢种不同可分为非合金钢、低合金钢材及合金钢材等。过去习惯将非合金钢统称为碳素钢，实际上非合金钢包括的内涵比碳素钢更广泛。非合金钢除了包括普通碳素结构钢（其钢号是以钢的屈服应力为标号，如Q235，表示该钢种的屈服强度为235MPa）、优质碳素结构钢（其钢号是所称的"号钢"，钢号的数字表示含碳质量的万分数，如45钢即表示碳的质量分数约为0.45%的钢）、碳素工具钢、易切削碳素结构钢外，还包括电工纯铁、原料纯铁及其他专用的具有特殊性能非合金钢等。合金钢体系包括了合金结构钢、弹簧钢、易切削钢、滚动轴承钢、合金工具钢、高速钢、耐热钢和不锈钢等八大钢类。合金钢在元素符号之前的数字也是表示含碳质量的万分之几，低合金钢，一般指合金元素总含量小于5%的合金钢。将合金元素总含量大于10%的合金钢称为高合金钢，如不锈钢、高速工具钢等即属高合金钢。合金元素总含量在5%~10%的合金钢称为中合金钢。随着生产和科学技术的不断发展，新的钢种钢号不断出现，现在我国已初步建立了自己的普通低合金钢体系，产量已占钢总产量的10%以上。

1.1.2 按断面形状不同分类

轧制钢材按断面形状特征可分为型材、线材、板带材及管材等几大类。

钢的型材和线材主要是用轧制的方法生产，在工业先进国家中一般占总钢材的30%~35%。型钢的品种很多，按其断面形状可分为简单断面型钢（包括方钢、圆钢、扁钢、角钢、槽钢、工字钢等）和复杂或异型断面型钢（包含钢轨、钢桩、球扁钢、窗框钢等）。前者的特点是过其横断面周边上任意点做切线一般交于断面之中，如图1-1（a）所示；后者品种更为繁多，如图1-1（b）所示。按生产方法又分为轧制型钢、弯曲型钢、焊接型钢，如图1-1（c）和图1-1（d）所示。用纵轧、横旋轧或楔横轧等特殊轧制方法生产的各种周期断面或特殊断面钢材，又分为螺纹钢、竹节钢、犁铧钢、车轴、变断面轴、钢球、齿轮、丝杠、车轮和轮箍，如图1-1（e）所示等。

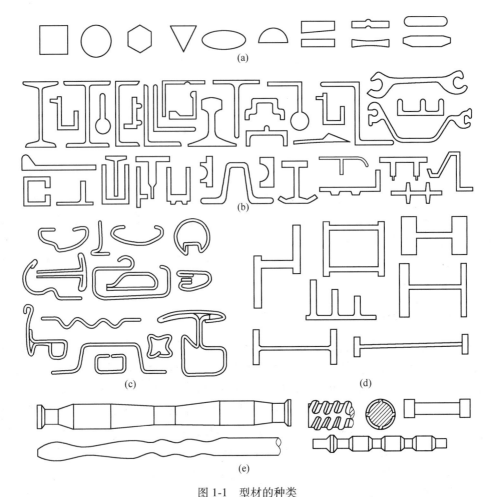

图 1-1　型材的种类

（a）简单断面型材；（b）复杂和异型断面型材；（c）弯曲断面型材；

（d）焊接型材；（e）特殊断面型材

　　板带材是应用最广泛的轧材。板带钢占钢材的比例在各工业先进国家多达 50%～60%以上。板带材按制造方法可分为热轧板带和冷轧板带；按用途可分为锅炉板、桥梁板、造船板、汽车板、镀锡板、电工钢板等；按产品厚度可分为厚板、薄板和箔材。异型断面板、变断面板等新型产品不断出现；铝合金变断面板材、带筋壁板等在航空工业中广为应用。板带钢不仅作为成品钢材使用。而且也是用以制造弯曲型钢、焊接型钢和焊接钢管等产品的原料。

　　管材是空心封闭断面的钢材。一般多采用轧制方法或焊接方法以及拉伸方法生产。钢管的用途也很广它的规格用外形尺寸（外径或边长）和内径及壁厚来表示。最常见的钢管断面形状一般为圆形。但也有很多种断面形状很复杂的异型钢管，如图 1-2 所示。钢管按用途一般可分为输送管、锅炉管、钻探用管、轴承钢管、注射针管等；按制造方法可分为无缝管、焊接管及冷轧与冷拔管等。各种管材按直径与壁厚组合也非常多，其外径最小达 0.1mm，大至 4m，壁厚薄的达 0.01mm，厚至 100mm。随着科学技术的不断发展，新的钢管品种也在不断增多。

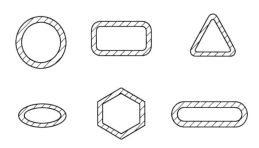

图 1-2 部分钢管示意图

轧制是生产钢材最主要的方法，其优点是生产效率高、质量好、金属消耗少、生产成本低，并最适合于大批量生产。随着科学技术的进步和社会对金属材料需求量的增加，轧材品种必将日益扩大。

1.2 轧钢生产系统及其工艺过程

1.2.1 钢材生产系统

在钢铁企业，由于轧制产品种类多，各类轧制产品的加工方法也不尽相同，所以生产各种轧制产品的轧机必须组成各种专门生产系统。

传统的轧制产品的生产方法，是由炼钢车间浇铸的钢锭，经初轧机（或开坯机）轧制成各种规格的钢坯，然后再通过成品轧机轧成各种钢材。近几十年来由于连续铸钢技术的发展，连铸坯的产量大幅度增加。炼出的钢水通过连铸机直接浇铸成各种规格的连铸坯，然后再将连铸坯轧成各种钢材。

优点：省去了铸锭、初轧等许多工序，简化了生产工艺过程，而且节约金属、提高成材率、节约能耗、降低生产成本、改善劳动条件、提高劳动生产率等。各国都在大力发展连铸，连铸坯的发展为简化轧钢生产系统，提供了有利的条件。

按生产规模可分为大型、中型和小型生产系统；按产品种类可分为板带钢、型钢、合金钢和混合生产系统。

（1）板带钢生产系统。由板坯初轧机将大钢锭轧成板坯，然后再由钢板轧机轧成中厚板或热带钢。也可以由连铸机铸成板坯后再轧制成中厚板或热带钢。该生产系统年产量高，应用最为广泛。

（2）型钢生产系统。型钢生产系统的规模往往并不很大。按其规模可分为：大型、中型和小型三种生产系统。一般年产 100 万吨以上的可称为大型的系统；年产 30 万～100 万吨的为中型系统；年产 30 万吨以下的可称为小型的系统。

（3）混合生产系统。在一个钢铁企业中可同时生产板带钢、型钢或钢管时，称为混合系统。无论在大型、中型或小型的企业中，混合系统都比较多，其优点是可以满足多品种的需要。但单一的生产系统却有利于产量和质量的提高。

（4）合金钢生产系统。由于合金钢的用途、钢种特性及生产工艺都比较特殊，材料也较为稀贵，产量不大而产品种类繁多，故常属中型或小型的型钢生产系统或混合生产系统。

在钢铁联合企业，为了充分发挥成品轧机的能力，必须满足成品轧机的供料要求。各轧钢车间所用原料，炼钢车间不可能做到直接用钢锭供料。因为多种规格大小不等的钢锭会使炼钢铸锭无法处理，而且质量差消耗大，所以炼钢车间一般浇铸少数几个规格的大钢锭。这些大钢锭再经初轧机轧制成各种规格的钢坯，供成品轧机轧材。当然也可通过连铸机直接铸成连铸坯供成品轧机。这样原料的品种和规格、产量都配套设置就组成了轧钢生产系统。各类成品轧机只有形成轧钢生产系列，才能充分发挥其生产能力。

1.2.2 轧钢生产工艺过程

将钢锭或钢坯轧制成一定形状和性能的钢材，需要经过一系列的工序，这些工序的组合称为轧钢生产工艺过程。由于钢材的品种繁多，规格形状、钢种和用途各不相同，因此轧制不同产品采用的工艺过程不同。

正确地制定工艺过程，对保证产品的质量、产量和降低成本具有重要意义。轧钢生产的工艺过程，根据使用原料的不同，生产品种的不同以及轧钢设备的不同而不同。一般来说，轧钢生产工艺过程是由以下几个基本工序组成：（1）坯料准备、包括按炉号将坯料堆放在原料仓库，清理表面缺陷，去除氧化铁皮和预先热处理坯料等；（2）坯料加热。坯料加热是热轧生产的重要生产工序。将坯料加热到所要求的温度后，再进行轧制；（3）钢的轧制，其是轧钢生产工艺过程的核心工序。轧钢工序的两大任务是精确成型和改善组织性能；（4）精整。通常包括钢材的切断或卷取、轧后冷却、矫直、成品热处理、成品表面清理包装等工序。该工序对产品质量起着最终的保证作用。

组织轧钢生产工艺过程首先是为了获得合格的，即合乎质量要求或技术要求的产品，也就是说，保证产品质量是轧钢生产工作中的一个主要奋斗目标。因此，制定某种钢材生产工艺过程，就必须遵循该产品的质量要求或技术要求。在保证产品质量的基础上努力提高产量。此外，在提高质量和产量的同时，还应该力求降低成本。因此，如何能够优质、高产、低成本地生产出合乎技术要求的轧材，乃是制定轧制生产工艺过程的总任务和总依据。

1.2.2.1 钢材标准和技术要求

产品的技术要求是制定工艺过程的首要依据，按照其制定权限和使用范围可以分为国家标准（GB）、专业标准（ZB）、部标准（YB）、企业标准等。但无论哪种产品技术标准都包括下列内容：

（1）规格标准：规定钢材应具有的断面形状、尺寸及允许偏差，并且附有供使用时参考的参数。

（2）技术条件标准：规定有关金属的化学成分、物理机械性能、热处理性能、晶粒度、抗腐蚀性、工艺性能及其他特殊性能要求等。

（3）试验方法标准：规定做试验时的取样部位、试样形状和尺寸、试验条件及试验方法等内容。

（4）交货标准：规定钢材交货验收时的包装、标志方法及部位等内容。

各种轧材根据用途的不同都有各自不同的产品标准或技术要求。由于各种轧材不同的技术要求，再加上不同的材料特性，便决定了它们不同的生产工艺过程和生产工艺特点。

1.2.2.2 钢材加工特性

在制定工艺过程时，还应考虑到所加工钢种的工艺性能，包括变形抗力、塑性、导热性能、摩擦系数、相图形态、对某些缺陷的敏感性等。它反映了钢的加工难易程度，决定并影响钢的加工方式和方法。生产工艺过程确定的合理与否与所生产的产品成本有关，一般说来，钢的加工工艺性能越差，产品技术要求越高，其工艺过程就越复杂，工艺要求越严格，生产过程中各种消耗也越高。反之，则成本下降。因此成本高低在一定程度上反映了生产工艺过程是否合理：

(1) 塑性：一般纯铁和低碳钢的塑性最好，含碳越高塑性越差；低合金钢的塑性也较好，高合金钢一般塑性较差。钢的塑性取决于金属的本性与变形条件。

(2) 变形抗力：一般地说，随着含碳量及合金含量的增加，钢的变形抗力将提高。凡能引起晶格畸变的因素都使抗力增大。

(3) 导热系数：随着钢中合金元素和杂质含量的增多，导热系数几乎没有例外地都要降低。钢的导热系数还随温度而变化，一般是随温度的升高而增大，但碳钢在大约800℃以下是随温度之升高而降低。铸造组织比轧制加工后组织的导热系数要小。

(4) 摩擦系数：合金钢的热轧摩擦系数一般都比较大，因而宽展也较大。

(5) 相图形态：合金元素在钢中影响相图的形态，影响奥氏体的形成与分解，因而影响到钢的组织结构和生产工艺过程。

(6) 淬硬性：是钢在淬火后所能达到最高硬度的性能。淬硬性主要与钢的化学成分特别是碳含量有关，碳含量越高，则钢的淬硬性越高。合金钢往往较碳素钢易于淬硬或淬裂。

(7) 对某些缺陷的敏感性：某些合金钢比较倾向于产生某些缺陷，如过烧、过热、脱碳、淬裂、白点、碳化物不均等。一般来说，钢中的合金元素多，可在不同程度上阻止钢的晶粒长大，尤其是铝、钛、铝、钒、铬等元素有强烈抑制晶粒长大的作用，故大多数合金钢较之于碳素钢的过热敏感性要小。

以上只是列举几种值得注意的主要钢种特性。实际上各种钢的具体特性都不相同，故在制定其生产工艺过程时，必须对其钢种特性作详细调查或实验研究，求得必要的参数，作为制订生产工艺规程的依据。

1.2.2.3 碳素钢和合金钢的生产工艺过程

钢材生产工艺过程，一般可分为碳素钢生产工艺过程、合金钢生产工艺过程和冷加工生产过程。因为碳素钢与合金钢从生产规模、钢种特性以及使用要求都不相同，所以工艺过程也不相同。即使碳素钢与合金钢在生产工艺过程中都有相同的某一工序，但该工序的具体规程也不完全相同。

A　碳素钢钢材的生产工艺过程

碳素钢的典型生产工艺流程如图1-3所示，一般可分为如下4个基本类型：

(1) 采用连铸坯的工艺过程，由连铸机铸成的连铸坯，一次加热轧出成品。并可采用连铸坯直接轧制（CC-DR）。该工艺过程可大幅度节约热能，提高成材率及简化工艺及设

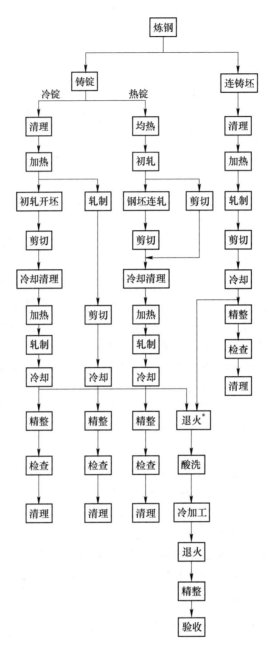

图 1-3　碳素钢和低合金钢的典型生产工艺流程

（带 * 的工序有时可省去）

备，是轧钢生产发展的方向。

（2）采用铸锭的工艺过程，使用大钢锭一般采用热装均热，经初轧机开坯后再轧制成材。一般需二次加热轧出成品。由于钢锭质量大，为节约热能一般采用热锭作业。

（3）采用铸锭的工艺过程，使用钢锭质量较小时，通常采用冷锭作业。经二辊或三辊开坯机后再轧材，也有一次加热将小钢锭直接轧成材的。

（4）采用铸锭的工艺过程，在中小型轧机上经过一次加热轧制成材。

在轧钢生产中，使用连铸坯为原料有许多优点。在生产工艺过程方面，与使用铸锭为原料相比，可省去初轧开坯，使工艺过程大为简化，因而产生较大的效益。使用连铸坯为原料是轧钢生产的发展方向。

不管是哪一种类型，其基本工序都是：原料准备（清理）—加热—轧制—冷却精整处理。

B 合金钢的生产工艺流程

合金钢的典型生产工艺流程如图1-4所示，它可分为冷锭和热锭以及正在发展的连续铸锭三种作业方式。由于按产品标准对合金钢成品钢材的表面质量和物理机械性能等的技术要求比普通碳素钢要高，并且钢种特性也较复杂，故其生产工艺过程一般也比较复杂。除各工序的具体工艺规程会因钢种不同而不同以外，在工序上比碳素钢多出了原料准备中的退火、轧制后的退火、酸洗等工序，以及在开坯中有时要采用锻造来代替轧钢等。合金钢的生产工艺过程与碳素钢相比较为复杂，工艺制度要求也较严格，这是由于产品标准对合金钢钢材的技术要求比碳素钢高，而且合金钢的钢种特性也较复杂。

C 钢材的冷加工生产工艺流程

钢材的冷加工生产工艺流程包括冷轧和冷拔，其特点是必须有加工前的酸洗和加工后的退火相配合，以组成冷加工生产线。

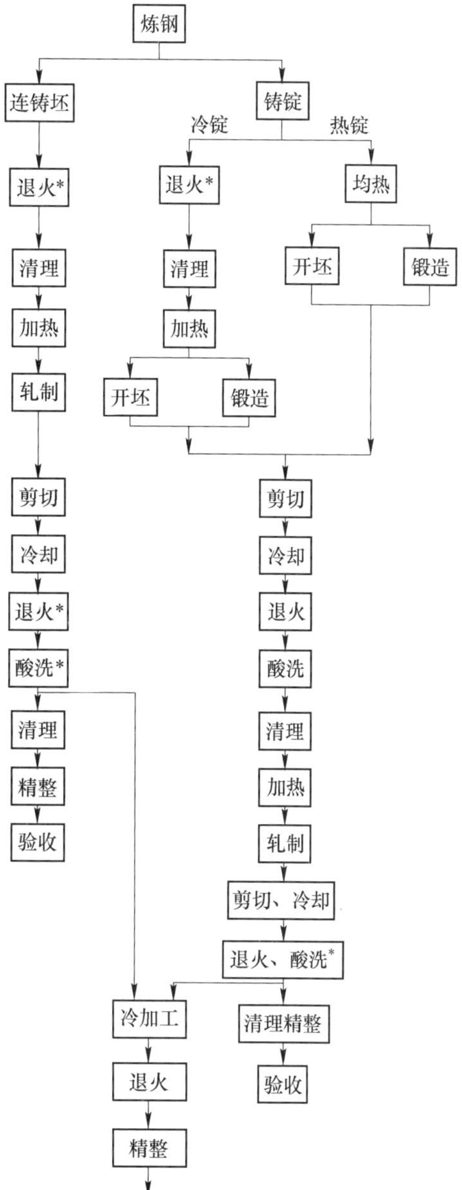

1.2.3 轧钢基本工序及其对轧材质量的影响

虽然根据产品的主要技术要求和合金的特性所确定的各种轧材的生产工艺流程各不相同，但其最基本的工序都是原料的清理准备、加热、轧制、冷却与精整和质量检查等。

1.2.3.1 原料的选择及准备

A 原料种类及其表面缺陷

轧钢所用原料有钢锭、钢坯、连铸坯，有时还有压铸坯，见表1-1。

图1-4 合金钢的典型生产工艺流程
（带*的工序有时可省去）

表 1-1 轧钢原料

原料	优　点	缺　点	适用情况
铸锭	不用初轧开坯，可独立进行生产	金属消耗大，成材率低，不能中间清理，压缩比小，偏析重，质量差，产量低	无初轧及开坯机的中小型企业及特厚板生产
轧坯	可用大锭，压缩比大并可中间清理，故钢材质量好；成材率比用扁锭时高；钢种不受限制，坯料尺寸规格可灵活选择	需要初轧开坯，使工艺和设备复杂化，使消耗和成本增高，比连铸坯金属消耗大得多，成材率小得多	大型企业钢种品种较多及规格特殊的钢坯；可用横轧方法生产厚板
连铸坯	不用初轧，简化生产过程及设备；使成材率提高或金属节约 6% ~ 12% 以上；并大幅度降低能耗及使成本降低约 10%；比初轧坯形状好，短尺少，成分均匀，坯质量可大，生产规模可大可小；节省投资及劳动力；易于自动化	目前尚只适用于镇静钢，钢种受一定限制，压缩比也受一定限制，不太适于生产厚板；受结晶器限制规格难灵活变化，连铸工艺掌握较难	适于大、中、小型联合企业品种较简单的大批量生产；受压缩比限制，适于生产不太厚的板带钢
压铸坯	金属消耗小，成坯率可达 95% 以上；质量比连铸坯还好，组织均匀致密，表面质量好；设备简单，投资少，规格变化灵活性大	生产能力较低，不太适合于大企业大规模生产，连续化自动化较差	适于中小型企业及特殊钢生产

　　钢锭是炼钢车间冶炼出来的钢水浇铸在钢锭模内凝固而成的。质量大小差异很大，由几百公斤到几十吨重。钢锭的断面形状根据轧制要求主要有矩形和方形，同时也有圆形和多边形的等等。钢锭按浇铸方法分为上铸和下铸。上铸为钢液直接由钢锭模上部浇铸，钢锭内部质量较好；下铸为钢液经中铸管、流钢砖由钢锭模的下部同时浇铸数个钢锭，钢液在锭模内平稳上升，故外部质量好。沸腾钢浇铸成上小下大的钢锭，镇静钢浇铸成上大下小带保温帽的钢锭。沸腾钢：由于钢液脱氧不完全，浇铸时在锭模内发生碳-氧反应，产生 CO 气泡使钢液沸腾。镇静钢：由于钢液脱氧完全，浇铸时钢液平静。脱氧程度介于两者之间的称为半镇静钢，一般半镇静钢也浇铸成上小下大的钢锭。钢锭轧制成钢材有两种方法：一是将钢锭轧成钢坯，然后再将钢坯轧成钢材；二是直接将钢锭轧成钢材。一般使用小锭可一次轧成材或使用大扁锭一次轧成特厚板。通常是先将大钢锭经初轧机或开坯机将其轧成钢坯，然后再经成品轧钢车间将钢坯轧成钢材。这种二火成材（或多火成材）的轧制方法，对于钢铁企业便于使炼钢与轧钢很好的衔接。

　　钢坯是经过初轧机或开坯机将钢锭轧制成的。其断面形状和尺寸很多，可满足各类成品轧钢车间的供料要求。断面形状根据轧制不同产品要求，有矩形坯、方坯、圆坯及异型坯。轧制中厚板、热轧带钢使用板坯，即宽高比较大的矩形坯；轧制各种型材可用方坯、异型坯或宽高比较小的矩形坯；轧制无缝钢管使用圆坯。

　　连铸坯，炼钢车间冶炼出来的钢液，经连铸机直接铸成的各种钢坯经连铸机铸出的连铸坯，其规格可与初轧机轧出的钢坯类似。

　　连铸坯金属消耗小，不用初轧机开坯简化生产工序，而且成分均匀质量好。使用连铸坯是轧钢生产的发展方向，但目前受一定限制，只适用于镇静钢和半镇静钢。而且受结晶器的限制，不像初轧机那样可以灵活地改变品种和规格。

钢锭表面上的缺陷主要包括以下几种：

（1）表面裂纹。在钢锭的表面上有横裂纹和纵裂纹。横裂纹是由于冷却时铸锭在模内"悬挂"，由于拉应力而产生的。纵裂纹一般在铸锭角部是由于浇铸时浇注速度过快，温度太高，钢锭脱模过早缓冷不当，在钢液压力和冷凝过程中所产生的横向收缩应力而造成的。一般横裂纹对钢坯质量影响较大，在轧制中不易消除。纵裂纹如果深度不大，在轧制中可能消除。

（2）结疤。上注钢锭时由于钢水飞溅于锭模内壁等原因，不能与原铸锭形成一体，而造成结疤。严重时会使轧后钢坯报废，轻微的需要清除。

（3）重皮。钢液浇注时由于激荡，贴在锭模内壁上的金属或者氧化膜翻卷到钢锭内部等会造成重皮。后果与结疤类似。

（4）飞边。在浇注沸腾钢时钢锭模底与底盘处漏钢，或镇静钢保温帽与锭模接口处有缝隙，造成钢水流入而形成飞边。飞边影响钢锭在辊道上的运行，同时也影响轧件的顺利咬入。在轧制时飞边可能造成折叠。

（5）水纹。由于整模不当，或钢锭模内壁不平在钢锭表面形成成片的小裂纹。严重时轧后钢坯表面也存在小裂纹。

由于浇注不当不仅易形成表面缺陷，而且易形成内部缺陷，如缩孔、偏析、气泡等等。因此为保证轧材的质量，需要对原料提出质量要求。

钢坯表面上的缺陷主要包括以下几种：

（1）结疤。在钢坯表面形成块状、不规则分布且与钢坯本体间形成氧化层。其产生原因是由于钢锭表面的结疤或重皮而造成的。

（2）裂纹。在钢坯表面形成的小沟槽，由于钢锭表面有裂纹，在轧制后该裂纹保留在钢坯表面。

（3）折叠。在钢坯表面形成的金属夹层，由于钢锭有飞边或在轧制中产生耳子在翻钢轧制时而形成。

（4）耳子。在孔型的辊缝处出现沿轧制方向凸起的边棱。

（5）表面凹坑。钢锭在轧制过程中，氧化铁皮去除不良，压入金属内部而形成表面凹坑。

以上的钢锭和钢坯的表面缺陷，都严重影响成品钢材的质量，严重者应报废，轻者应将缺陷清理掉，以保证钢材的质量。

B 轧前准备

轧前原料准备中清除钢锭或钢坯的表面缺陷，是保证成品钢材的质量，提高成品率的重要工序之一。

清理表面缺陷的方法有：火焰清理、风铲清理、砂轮清理、机械清理、酸洗清理等，见表1-2。

表1-2 钢材表面缺陷清理方法对比

清理方法	人工火焰清理	机械火焰清理	风铲清理	电弧清理	砂轮清理	机床车刨削	火焰腐蚀	喷砂	酸洗
适用情况	碳钢及部分合金钢局部处理	碳钢及部分合金钢大面积剥皮	碳钢及不能用火焰之优质钢局部清理	优质钢	合金钢及高硬度的高级合金钢	高级合金钢全面剥皮	清理铁皮	清理铁皮	清理铁皮

（1）火焰清理。利用高温火焰将原料表面的缺陷熔化后去除掉。生产效率高且成本低，广泛使用。采用火焰清理时，由于原料表面有缺陷的部位温度骤然升高，对于导热性能差塑性差的钢种容易由于热应力而产生裂纹，因此需要在清理之前进行预热。一般碳素钢和低合金钢都采用该法。

火焰清理可以由人工火焰枪来进行处理，灵活，可根据原料局部缺陷的严重程度清理；也可以用火焰清理机清理，生产率高，在线清理时金属消耗大。

（2）风铲清理。利用风铲将原料的表面缺陷除掉，风铲清理适用于高碳钢与合金钢。因为高碳钢与合金钢导热性能和塑性较差，适用冷状态下清理。但劳动强度大，生产效率低，不适合于大规模生产的清理需要。

（3）机械清理。用车床、刨床或铣床对原料表面进行切削加工，俗称"扒皮"。适用于重要用途的合金钢，因为表面质量要求非常严格，为保证钢材的表面质量，需将原料表面车去一层。

（4）酸洗。可以去除所加工原料表面的氧化铁皮，同时可以使原料的缺陷暴露，便于清理。常用于合金钢原料，也用于去掉冷加工原料的表面氧化铁皮。酸洗可以用硫酸或盐酸，用硫酸洗劳动条件不好，环境污染严重，目前倾向于用盐酸洗。

原料的清理，对保证钢材质量很重要，虽然很难做到使原料完全没有缺陷，但是原料的缺陷及时被清理掉同样是合乎要求的原料。

C　原料的堆放

炼钢车间来的钢锭、连铸坯以及由初轧车间来的钢坯，送到成品轧钢车间轧材时，先存放在原料仓库。要按钢种、炉罐号和规格号分别堆放，避免发生混钢。

1.2.3.2　原料的加热

在轧钢之前，要将原料进行加热，目的是提高钢的塑性，降低变形抗力及改善金属内部组织和性能，以便于轧制加工。钢的加热温度主要应根据各种钢的特性和压力加工工艺要求，从保证钢材质量和产量出发进行确定。原料的加热主要包括以下参数的确定。

A　加热温度

加热温度是指原料在加热炉内出炉前的温度。加热温度的确定应根据所加热钢种的相图而定，加热的最高温度应保证不能出现各种加热缺陷，同时又要保证钢材产量和质量。

加热温度的选择应依钢种不同而不同。一般低碳钢加热温度较高，高碳钢及合金钢加热温度较低。尽可能选择高的加热温度，便于轧制变形降低变形抗力。加热温度低可节省能耗。对于碳素钢最高加热温度应低于固相线 $100 \sim 150 ℃$。加热温度偏高，时间偏长，会使奥氏体晶粒过分长大，引起晶粒之间的结合力减弱，钢的力学性能变坏，这种缺陷称为过热。过热的钢可以用热处理方法来消除其缺陷。加热温度过高，或在高温下时间过长，金属晶粒除长得很粗大外，还使偏析夹杂富集的晶粒边界发生氧化或熔化。在轧制时金属经受不住变形，往往发生碎裂或崩裂，有时甚至一受碰撞即行碎裂，这种缺陷称为过烧。过烧的金属无法进行补救，只能报废。

随着钢中含碳量及某些合金元素的增多，过烧的倾向性亦增大。高合金钢由于其晶界物质和共晶体容易熔化而特别容易过烧。过热敏感性最大的是铬合金钢、镍合金钢以及含铬和镍的合金钢。某些钢的加热及过烧温度见表1-3，对于加热避免脱碳要求的钢种，加热温度应低些。加热高合金钢，要根据相图及塑性图、变形抗力综合考虑确定加热温度。

表 1-3 某些钢的加热和理论过烧温度 （℃）

钢 种	加热温度	过烧温度
碳素钢 w（C）= 1.5%	1050	1140
碳素钢 w（C）= 1.1%	1080	1180
碳素钢 w（C）= 0.9%	1120	1220
碳素钢 w（C）= 0.7%	1180	1280
碳素钢 w（C）= 0.5%	1250	1350
碳素钢 w（C）= 0.2%	1320	1470
碳素钢 w（C）= 0.1%	1350	1490
硅锰弹簧钢	1250	1350
镍钢 w(Ni)= 3%	1250	1370
w(Ni, Cr)= 8%镍铬钢	1250	1370
铬钒钢	1250	1350
高速钢	1280	1380
奥氏体镍铬钢	1300	1420

此外，加热温度越高（尤其是在 900℃ 以上），时间越长，炉内氧化性气氛越强，则钢的氧化越剧烈，生成氧化铁皮越多。氧化铁皮的一般组成结构如图 1-5 所示。氧化铁皮除直接造成金属损耗（烧损）以外，还会引起钢材表面缺陷（如麻点、铁皮等），造成次品或废品。氧化严重时，还会使钢的皮下气孔暴露和氧化，经轧制后形成发裂。钢中含有铬、硅、镍、铝等成分会使形成的氧化铁皮致密，它起到保护金属及减少氧化的作用。加热时钢的表层含碳量被氧化而减少的现象称为脱碳。脱碳使钢材表面硬度降低，许多合金钢材及高碳钢不允许有脱碳发生。加热温度越高，时间越长，脱碳层越厚；钢中含钨和硅等也促使脱碳的发生。

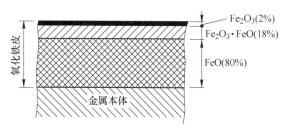

图 1-5 氧化铁皮的组成

B 加热速度

原料在加热时，单位时间内原料表面升高的温度，称为加热速度。确定加热速度要考虑所加热钢种的导热性与种类及断面尺寸。这对于合金钢和高碳钢坯（尤其是钢锭）显得更加重要。很多合金钢和高碳钢在 500～600℃ 以下塑性很差。如果突然将其装入高温炉中，或者加热速度过快，则由于表层和中心温度差过大而引起的巨大热应力，加上组织应力和铸造应力，往往会使钢锭中部产生"穿孔"开裂的缺陷（常伴有巨大响声，故常称为"响裂"或"炸裂"）。因此，加热导热性和塑性都较差的钢种，如高速钢、高锰钢、轴承钢、高硅钢、高碳钢等，应该放慢加热速度，尤其是在 600~650℃ 以下要特别小心。加热到 700℃ 以上的温度时，钢的塑性已经很好，就可以用尽可能快的速度加热。应该指出，大的加热速度不仅可提高生产能力，而且可防止或减轻某些缺陷，如氧化、脱碳及过热等。允许的最大加热速度，不仅取决于钢种的导热性和塑性，还取决于原料的尺寸和外部形状。显然，尺寸越小，允许的加热速度越大。此外，生产上的加热速度还常常受到炉子结构、供热能力及加热条件的限制。对于普碳钢之类的多数钢种，一般只要加热设备许可，就可以采用尽可能快的加热速度。但是，不管如何加热，一定要保证原料各处都能均匀加热到所需的温度，并使组织成分较为均化，这也是加热的重要任务。如果加热不均匀，不仅影响产品质量，而且在生产中往往引起事故，损坏设备。

因此，一般在加热过程中往往分为三个阶段，即预热阶段（低温阶段）、加热阶段（高温阶段）及均热阶段。在低温阶段（700~800℃ 以下）要放慢加热速度以防开裂；到 700~800℃ 以上的高温阶段，可进行快速加热。达到高温带以后，为了使钢的各处温度均化及组织成分均化，而需在高温带停留一定时间，这就是均热阶段。应该指出，并非所有的原料都必须经过这样三个阶段。这要看原料的断面尺寸、钢种特性及入炉前的温度而定。

C　加热时间

原料从装炉到出炉所用的时间，称为加热时间。原料的加热时间长短不仅影响加热设备的生产能力，同时也影响钢材的质量，即使加热温度不过高，但由于加热时间过长也会产生某些热缺陷，如：坯料氧化、过热、过烧、脱碳、加热温度不均等。合理的加热时间取决于原料的钢种、尺寸、装炉温度、加热速度以及加热设备的性能与结构等。

关于加热时间的计算，用理论方法目前还很难满足生产实际的要求，现在主要还是依靠经验公式和实测资料来进行估算。例如，在连续式炉内加热钢坯时，加热时间（t）可用下式估算。

$$t = CBh$$

式中　B——钢料边长或厚度，cm；

　　　C——考虑钢种成分和其他因素影响的系数（表 1-4）。

表 1-4　各种钢的系数 C 值

钢　种	C	钢　种	C
碳素钢	0.1~0.15	高合金结构钢	0.20~0.30
合金结构钢	0.15~0.20	高合金工具钢	0.30~0.40

加热速度快，则加热时间短；加热速度慢，则加热时间长。

加热设备除初轧及特厚板厂采用均热炉及室状炉以外，大多数钢板厂和型钢厂皆采用连续式炉，钢管厂多采用环形炉。推钢式加热炉，其主要缺点是板坯表面易擦伤和易于翻炉，使板坯尺寸和炉子长度（炉子产量）受到限制，而且炉子排空困难，劳动条件差。近年兴建的连续式炉多为步进式的多段加热炉，采用步进式炉可避免这些缺点，但其投资较多，维修较难，且由于支梁妨碍辐射，使板坯或钢坯上下面仍有一些温度差。这两种形式的加热炉加热能力皆可高达 150~300t/h。

1.2.3.3 钢的轧制

轧制工序的两大任务是精确成型及改善组织和性能，以及保证表面质量符合标准。因此轧制是保证产品质量的一个中心环节。

在精确成型方面，要求产品形状正确，尺寸精确，表面完整光洁。对精确成型有决定性影响的因素是轧辊孔型设计（包括辊型设计及压下规程）和轧机调整；轧制条件（温度和速度）的稳定性和设备与工具的刚度、耐磨性与加工精度也直接影响成型的质量。

在控制钢材的组织与性能方面，热轧钢材的组织和性能决定于变形程度、变形温度和变形速度。所谓变形程度主要体现在压下规程和孔型设计中，而变形程度与应力状态对产品组织性能影响很大。

A 变形程度与应力状态对产品组织性能的影响

一般说来，变形程度越大，三向压应力状态越强，对于热轧钢材的组织性能更为有利，这是因为：（1）变形程度大、应力状态强有利于破碎合金钢锭的枝晶偏析及碳化物，即有利于改变其铸态组织。在珠光体钢、铁素体钢及过共析碳素钢中，其枝晶偏析等还比较容易破坏；某些马氏体、莱氏体及奥氏体等高合金钢钢锭，其柱状晶发达并含有稳定碳化物及莱氏体晶壳，甚至在高温时平衡状态就有碳化物存在，这种组织只依靠退火是无法破坏的，采用一般轧制过程也难以完全击碎。因此，需要采用锻造和轧制相结合，以较大的总变形程度（越大越好）进行加工，才能充分破碎铸造组织，使组织细密，碳化物分布均匀；（2）为改善钢材力学性能，必须改善钢锭或铸坯的铸造组织，使其组织致密。因此，对一般钢种也要保证一定的总变形程度，即保证一定的压缩比。例如，重轨压缩比往往要达数十倍，钢板也要在 5~12 倍以上；（3）在总变形程度一定时，各道变形量的分配（变形分散度）对产品质量也有一定影响。从产量、质量观点出发，在塑性允许的条件下，应该尽量提高每道的压下量，并同时控制好适当的终轧压下量。在这里，主要是要考虑钢种再结晶的特性，如果是要求细致均匀的晶粒度，就必须避免落入使晶粒粗大的临界压下量范围内。

B 变形温度、速度对产品组织性能的影响

轧制温度规程要根据有关塑性、变形抗力和钢种特性的资料来确定，以保证产品正确成型，不出现裂纹，碳化物均匀分布，晶粒细化和力求消耗最低。轧制温度主要指正确地确定开轧和终轧温度。开轧温度应在不产生加热缺陷（如过热、过烧、氧化、脱碳等）情况下尽量提高，开始轧制时必须在单相奥氏体范围内进行，还要保证在要求的终轧温度前完成轧制过程。一般来说，对于碳素钢加热最高温度常低于固相线 100~200℃，如图 1-6 所示。

终轧温度因钢种不同而不同，它主要取决于产品技术要求中规定的组织性能。特别是轧后不进行热处理的产品，终轧温度的选择必须以获得要求的组织性能为依据。如，在轧制亚共析钢时，一般终轧温度应该高于 A_3 线约 50~100℃，以便终轧后迅速冷却到相变温度，获得细致的晶粒组织。若终轧温度过高，则会导致粗晶组织和低的力学性能。反之，若终轧温度低于 A_3 线，则有加工硬化产生，使强度提高而伸长率下降。究竟终轧温度应该比 A_3 高出多少？这在其他条件相同的情况下主要取决于钢种特性和钢材品种。对于含 Nb、Ti、V 等合金元素的低合金钢，由于再结晶较难，一般终轧温度可以提高（例如大于

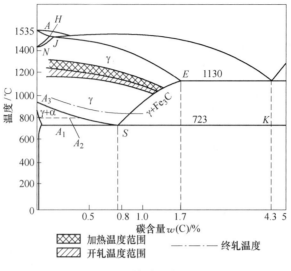

图 1-6　铁碳平衡相图

950℃）；如果采用控制轧制或进行形变热处理，其终轧温度可以从大于 A_3 到低于 A_3，甚至低于 A_1，这主要取决于钢种特性和所要求的钢材的组织和性能。

如果亚共析钢在热轧以后还要进行热处理，终轧温度可以低于 A_3。但一般总是尽量避免在 A_3 以下的温度进行轧制。

轧制过共析钢时热轧的温度范围较窄，即奥氏体温度范围较窄，其终轧温度应不高于 SE 线，如图 1-6 所示。否则，在晶粒边界析出的网状碳化物就不能破碎，使钢材的力学性能恶化。若终轧温度过低，低于 SK 线，则易于析出石墨，呈现黑色断口。这是因为渗碳体分解形成石墨需要两个条件：一是缓慢冷却以满足渗碳体分解所需时间；二是钢的内部有显微间隙或周围介质阻力小，以满足石墨形成和发展时钢的密度减小和体积变化的要求。终轧温度过低，有加工硬化现象，且随变形程度的增加，显微间隙也增加，这就为随后缓冷及退火时石墨的优先析出和发展创造了条件。因此过共析钢的终轧温度应比 SK 线高出 100~150℃。

C　变形速度或轧制速度对产品组织性能的影响

其主要影响到轧机的产量，因此，提高轧制速度是现代轧机提高生产率的主要途径之一。但是，轧制速度的提高受到电机能力，轧机设备结构及强度，机械化自动化水平以及咬入条件和坯料规格等一系列设备和工艺因素的限制，要提高轧制速度，就必须改善这些条件。轧制速度或变形速度通过对硬化和再结晶的影响，也对钢材性能质量产生一定的影响，表 1-5 给出了各类轧机的轧制速度。另外，轧制速度的变化通过摩擦系数的影响，还经常影响到钢材尺寸精确度等质量指标。总的来说，提高轧制速度不仅有利于产量大幅度提高，而且对提高质量，降低成本等也都有益处。

对于低塑性合金钢锭的开坯往往采用锻造的方法，其主要原因是在锻造过程中，三向压应力状态一般较轧制时要强，有利于提高其塑性，发现裂纹等缺陷时便于及时铲除掉，再结晶过程进行得比较充分。而在钢锭经过开坯以后，组织已较致密，塑性大有提高，一般便可比较顺利地进行轧制。由于锻造生产力低且劳动条件差，故应尽量以轧制来代替。

表 1-5　各类轧机的轧制速度

轧机种类	轧机形式及规格 /mm	轧制速度 /m·s^{-1}	轧机种类	轧机型式及规格 /mm	轧制速度 /m·s^{-1}
初轧机	二辊可逆式 750~1350 万能板坯 1150~1370	2~7 ~6	厚板轧机	四辊可逆式 2800~5500 三辊劳特式 1800~2450	4~7.6 2.5~4.4
钢坯轧机	三辊横列式 500~650 钢坯连轧 420~850	2.5~4 4~5	宽带热轧机	炉卷式 1200~1700 半连续式 1200~2000 连续式 1200~2300	~8.5 8~19 15~30
轨梁及大型轧机	横列式 650~950 跟踪式 550~750 万能式 850~1355	3.5~7 6~7 3~5	宽带冷轧机	四辊可逆式 1200~2300 多辊式 1150~1400 连续式 1200~2200	6~15 ~15 25~41
中、小型轧机	横列式中型 400~650 连续中型 400~650 横列式小型 250~350 半连续式小型 250~350 连续式小型 250~350	2.5~4.5 7~12 2.5~8 5~15 7~20	无缝管轧机	自动轧管机 76~400 连续轧管机 102~168	2~5.5 3.9~6
线材轧机	横列式 180~280 半连续式 150~300 连续式 150~300	3~9 8~30 15~100	焊管机	直缝电焊 32~1625 螺旋焊 650~2540 连续炉焊 12~114	0.16~2 0.083~0.05 0.83~8

1.2.3.4 轧后冷却与精整

热轧钢材的终轧温度约为 800~900℃，通过不同的速度或过冷度冷却到常温会得到不同的组织结构和性能。实际上，轧后冷却过程是一种利用轧制余热的热处理过程，对钢材质量有很大影响。也就是说，冷却速度或过冷度，对奥氏体转化温度及转化后的组织要产生显著的影响。随着冷却速度的增加，由奥氏体转变而来的铁素体-渗碳体混合物也变得越来越细，硬度也有所增高，相应地形成细珠光体、极细珠光体及贝氏体等组织。因此，对于不同的钢种和产品技术要求应选择不同的冷却方式，选择不当，不但得不到要求的性能，还可能产生白点、裂纹等缺陷，甚至前功尽弃变为废品。

根据产品技术要求和钢种特性，在热轧以后应采用不同的冷却制度。一般在热轧后常用的冷却方式有以下几种：

（1）空冷。空冷是最常用的一种冷却方法，凡是在空气中冷却不会由于热应力而产生裂纹的和最终组织不是马氏体或半马氏体的钢种，均可采用，如普碳钢、低合金高强钢、大部分碳素结构钢及合金结构铜、奥氏体不锈钢等都可在冷床上空冷。钢材在冷床上空冷的冷却速度一般可以通过不同的气流（如用鼓风机吹风等）及钢材排列的疏密程度来进行调节。冷床有各种各样的形式，目前多采用链式或步进式，以提高冷却质量，减少划伤。

（2）水冷。水冷包括在冷床或辊道上进行喷水、喷雾、浸水和使钢材通过涡旋流动的冷却器等几种方式。通常在下列情况中采用水冷：1）轧制亚共析钢，要求晶粒组织细小且均匀时用之，如轧制 As 钢板一般在略高于 A_{r3} 时终轧，然后进行喷水急冷，以得到细晶粒组织，提高力学性能；2）过共析钢要求消除网状碳化物时可用，如高碳工具钢，合金钢在热轧以后便须快速冷却，以免形成网状碳化物，但这种钢在冷却时又容易冷裂，故在快速冷却到相变温度以下之后，还须接着进行缓冷，以减少内应力；3）对表面铁皮的清除要求很高时用之，如薄板坯在热轧以后即可浸入水中，急剧的冷却使氧化铁皮从表面脱落；4）为提高冷床的生产能力时用之。显然这后两者只有对加快冷却而不会产生任何缺陷的钢材才能采用。

（3）堆冷及缓冷。对某些钢材为了获得具有较高的强度韧性和塑性等良好的综合力学性能，在冷床上冷却到一定温度后，可采用堆垛冷却或缓冷坑中冷却，炉冷及等温处理等方法。某些合金钢及高合金钢在冷时易产生应力和裂纹，在空气中冷却或者堆冷仍会产生裂纹，所以，必须采用极缓慢的冷却速度，如在缓冷坑或保温炉中冷却，甚至还要在带加热烧嘴的缓冷坑或保温炉中进行等温处理和缓冷。同样，对于白点敏感性强的钢材，例如，轴承钢、重轨等，也必须采取类似的缓冷或等温处理来防止白点产生。

钢材的精整是冷却、切断、矫直、酸洗、热处理、成品表面清理等后续工序的总称。它是轧制工艺的重要组成部分，对产品质量也有很大的影响。如，切断、矫直等，以保证正确的形状和尺寸。钢板的切断多采用冷剪，钢管多用锯切，简单断面的型材多用热剪或热锯，复杂断面多用热锯、冷锯或带异型剪刃的冷剪。钢材矫直多采用辊式矫直机，少数也有采用拉力或压力矫直机；各类钢材采用的矫直机形式也各不一样。按照表面质量的要求，某些钢材有时还要酸洗、镀层等。按照组织性能的要求，有时还要进行必要的热处理或平整。某些产品按特殊要求还可有特殊的精整加工。

1.2.3.5　钢材质量的检测

钢材质量的检测，包括生产工艺过程和成品质量两个方面的检查。现代轧钢生产的检查工作可分为熔钢检查、轧钢生产工艺过程的检查及成品质量检查。依据是生产技术规程及产品标准。

（1）熔炼检查内容：配料、冶炼、脱氧、出钢及铸锭的情况。

（2）轧制过程检查内容：原料的加热制度及压下规程与孔型设计及精整制度是否正确。

（3）热轧工序主要检查开轧温度、终轧温度和压下规程等。

最终成品质量检查的任务是确定成品质量是否符合产品标准和技术要求。

1.2.4　轧钢工艺过程制定实例

现在以滚珠轴承钢为例来进一步说明制订钢材生产工艺过程和规程的步骤和方法。滚珠轴承钢的主要技术要求（详见 YB 9—1968）为：

（1）滚珠轴承钢应具有高而均匀的硬度和强度，没有脆弱点或夹杂物，以免加速轴承的磨损。

（2）钢材表面脱碳层必须符合规定的要求。

（3）尺寸精度要符合一定的标准，表面质量要求较高，表面应光滑干净，不得有裂纹、结疤、麻点、刮伤等缺陷。

（4）化学成分：滚珠轴承钢（GCr9、GCr15、GCr15MnSi），如 GCr15 成分为：$w(C) = 0.95\% \sim 1.05\%$；$w(Mn) = 0.2\% \sim 0.4\%$；$w(Si) = 0.15\% \sim 0.35\%$；$w(Cr) = 1.30\% \sim 1.65\%$；$w(S) \leqslant 0.020\%$；$w(P) \leqslant 0.027\%$。

（5）在钢材组织方面，显微组织应具有均匀分布的细粒状珠光体，钢中碳化物网状组织不得超过规定级别，钢中碳化物带状组织也不得超过规定级别，低倍组织必须无缩孔、气泡、白点和过烧过热现象，中心疏松偏析和夹杂物级别应小于一定级别等。

滚珠轴承钢的钢种特性主要为：

（1）滚珠轴承钢属于高碳的珠光体钢，钢锭浇铸和冷却时容易产生碳和铬的偏析，因此钢锭开坯前应采用高温保温或高温扩散退火。

（2）导热性和塑性都较差，变形抗力不大，与碳钢相差不多，故应缓慢加热升温，以防炸裂。

（3）脱碳敏感性和白点敏感性都较大，也易于产生过热和过烧。

（4）轧后缓慢冷却时，有明显的网状碳化物析出，依过冷度不同，碳化物析出的温度也不同。一般在终轧温度低于800℃时，碳化物开始析出，且随轧件的延伸而被拉长为带状组织。

（5）热轧摩擦系数比碳素钢要大，因而宽展也大。

根据滚珠轴承钢的技术要求和钢种特性来考虑它的生产工艺过程和规程。滚珠轴承钢主要是轧成圆钢，由很小的直径（$\phi6mm$）到很大的直径，且大部分作为冷拉钢原料，因而对于其表面质量的要求很严格。考虑到这一点，轧制时以采用冷锭装炉加热较为合适（或热装炉时需经热检查及热清理），这样在装炉之前可以进行细致的表面清理，从而可使钢材表面质量得到改善。

钢坯在清理之前要进行酸洗。可采用砂轮清理或风铲清理。由于导热性差，不宜用火焰清理冷钢坯。

为了减少碳化物偏析，可在钢锭开坯前采用高温保温或高温扩散退火。考虑到扩散退火时间太长，在经济上不合算且产量低，故以采用高温保温为宜，即加热到高温阶段给予较长保温时间。

轴承内的加热必须小心地进行。考虑到这种钢容易脱碳，而对于脱碳这方面的技术要求又很严格，并且此种钢还易于过热过烧（开始过烧温度约1220～1250℃），因而钢锭加热温度不应超过1180～1200℃。钢锭由于轴心带疏松且有低熔点共晶碳化物存在，故更易于过烧。钢坯经轧制后尺寸变小，更易脱碳，故应使加热温度更低一些。故小型钢坯加热温度不应高于1050～1100℃。

要制定轧制规程，应依据滚珠轴承钢的塑性和变形抗力的研究资料以及对轧后金属组织性能的要求，去设计孔型和压下规程以及确定轧制温度规程。看情况可以采用轧制，也可采用锻造进行开坯。由于滚珠轴承钢有相当高的塑性，在各轧制道次中可采用很大的压下量。滚珠轴承钢的变形抗力与碳钢差不多，其摩擦系数约为碳钢的1.25～1.35倍，宽展也约比碳钢大20%。在设计孔型和压下规程时应该考虑到这些特点。考虑到对表面提出的严格要求，因而在设计孔型和压下规程时要采用适当的孔型（例如箱形孔型与菱形孔型），以便于去除氧化铁皮，并借助合理的孔型设计来减少轧制过程中可能产生的表面缺陷。

滚珠轴承钢轧制后不应有网状碳化物存在。众所周知，轧制终了温度越高，在高碳钢中析出的网状渗碳体便越粗大。因此终轧温度应该尽可能低一些。如果开轧温度比较高，则为了保证较低的终轧温度，可在送入最后1～2道之前，稍作停留以降低温度。但若终轧温度过低，例如若低于800℃时，碳化物开始析出，且随轧件的延伸而被拉长为带状组织，这也是不允许的。此外，终轧道次的压下量也应较大，以便更好地使碳化物分散析出，防止网状碳化物形成，同时也能使晶粒尺寸因之减小。

在许多情况下，尤其当轧制大断面钢材时，其至在较低的终轧温度下也可能在最后冷却时产生网状碳化物。这时冷却速度很为重要。冷却速度越大，网状碳化物越少。考虑到这一点，除了使终轧温度足够低以外，还应使钢材尽可能地快速冷却到大约650℃的温度。

由于有白点敏感性，故轧后钢材应该在很快冷却到650℃以后，便进行缓冷。缓冷之后，进行退火以降低硬度，便于以后加工；然后进行酸洗，清除氧化铁皮，以便于检查和清理，并提高表面质量。

综上所述，可将滚珠轴承钢的生产工艺过程归纳为：

钢锭→清理→加热→轧制→切断————————————→缓冷→退火→酸洗→检查清理
　　　　　　　↓　　　　　　　　　　　　　　　　↑
　　　　锻造→缓冷→酸洗→清理→加热→轧制→切断

1.3　钢材生产新工艺及其技术基础

近代出现的轧材生产新工艺新技术很多，其中影响最广泛而深远的是连续铸造与轧制的衔接工艺（连铸连轧工艺）以及控制轧制与控制冷却工艺。

1.3.1　连续铸造与轧钢工艺的衔接

1.3.1.1　连续铸钢技术

连续铸钢是将钢水连续注入水冷结晶器，待钢水凝成硬壳后从结晶器出口连续拉出或送出，经喷水冷却，全部凝固后切成坯料或直送轧制工序的铸造坯料，称为连续铸坯或连铸坯。连续铸钢在冶金方面的特点是：

（1）钢水在结晶器内得到迅速而均匀的冷却凝固，形成较厚的细晶表面凝固层，无充分时间生成柱状晶区。

（2）可避免形成缩孔或孔洞，无铸锭之头尾剪切损失，使金属收得率大为提高。

（3）整罐钢水的连铸自始至终的冷却凝固时间接近，连铸纵向成分偏差可控制在10%以内，远比模铸钢锭为好。

（4）在塑性加工时为消除铸态组织所需的压缩比也可以相对减小，铸坯的组织致密，有良好的力学性能。

A　连铸机类型

连铸机可以按铸坯断面形状分为厚板坯、薄板坯、大方坯、小方坯、圆坯、异型钢坯及椭圆形钢坯连铸机等，也可按铸坯运行的轨迹分为立式、立弯式、垂直—多点弯曲形、垂直—弧形、多半径弧形（椭圆形）、水平式及旋转式连铸机，如图1-7所示。

立式连铸机出现最早，其优点是钢中夹杂易于上浮排除，凝壳冷却均匀对称，不受弯曲矫直应力，适用于裂纹较敏感钢种的连铸，但缺点是设备高度大，建设投资大，且钢水静压力大易使钢坯产生鼓肚变形，铸坯断面和长度都不能过大，拉速也不宜过高。

立弯式连铸机为降低设备高度，将完全凝固的铸坯顶弯成90°，在水平方向出坯，消除了定尺长度的限制，降低了设备的投资，但缺点是铸坯受弯曲矫直应力，易产生裂纹。

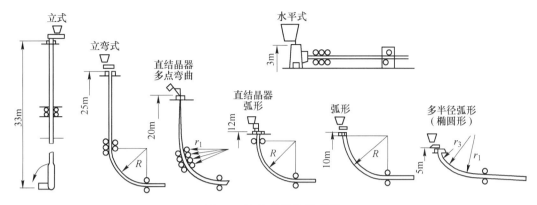

图 1-7　连铸机种类示意图

弧形连铸机大大降低了设备的高度，仅为立式的 1/2~1/3，投资少，操作方便，利于拉速的提高，但缺点是存在设备对弧较难，内外弧冷却欠均匀，弯曲矫直应力较大及夹杂物在内弧侧聚集的缺点，故对钢水纯净度要求更高。

椭圆形连铸机为分段改变弯曲半径，故设备更低，称为超低头铸机。

垂直-弧形和垂直-多点弯曲形连铸机采用直结晶器并在其下部保留 2m 左右的直线段，使铸机的高度增加不多，而有利于克服内弧侧夹杂物富集的缺点。

水平式铸机设备高度更低，更轻便且投资少，但尚不能制成大生产适用机型。

目前世界各国弧形铸机占主导地位，达 60%以上。其次为垂直-多点弯曲形。板坯和方坯多采用垂直弧形，而垂直-多点弯曲形则呈增加趋势。

B　连铸机的组成

一般连铸机由钢水运载装置（钢水包、回转台）、中间包及其更换装置、结晶器及其振动装置、二冷区夹持辊及冷却水系统、拉引矫直机、切断设备、引锭装置等组成，如图 1-8 所示。

中间包起缓冲与净化钢液的作用，容量一般为钢水包容量的 20%~40%，铸机流数越多，其容量越大。

结晶器是连铸机的心脏，要求其有良好的导热性、结构刚性、耐磨性及便于制造和维护等特点。一般由锻造紫铜或铸造黄铜制成。其外壁通水强制均匀冷却。结晶器振动装置的作用是使结晶器作周期性振动，以防止初生坯壳与结晶器壁产生黏结而被拉破。振动曲线一般按正弦规律变化，以减少冲击。其振幅和频率应与拉速紧密配合，以保证铸坯的质量和产量。

二冷装置安装在紧接结晶器的出口处，其作用是借助喷水或雾化冷却以加速铸坯凝固并控制铸坯的温度，夹辊和导辊支撑着带液芯的高温铸坯，以防止鼓肚变形或造成内裂，并可在此区段进行液芯压下，以提高铸坯质量和产量。要求二冷装置水压、水量可调，以适应不同钢种和不同拉速的需要。拉矫机的作用是提供拉坯动力及对弯曲的铸坯进行矫直，并推动切割装置运动。拉坯速度对连铸产量、质量皆有很大的影响。

引锭装置的作用是在连铸开始前，用引锭头堵住结晶器下口，待钢水凝固后将铸坯引拉出铸机，再脱开引锭头，将引锭杆收入存放装置。

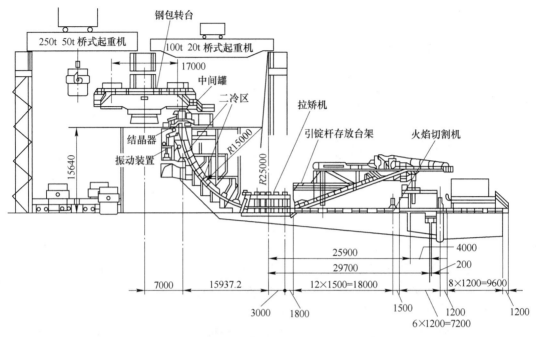

图 1-8　连铸机组成示意图

铸坯切割设备则将连续运动中的铸坯切割成定尺，常用的切割设备有火焰切割器或液压剪与摆动剪。

C　连铸生产工艺

连铸工艺必须保证连铸坯的质量和产量。与模铸相比，连铸对钢水温度及钢的成分与纯净度的要求如下：

（1）浇注温度控制在钢的液相线温度以上（30±10）℃范围内，温度偏高会加剧其二次氧化和对钢包等耐火材料的侵蚀，使铸坯内非金属夹杂增多，并使坯壳变薄，易使菱变、鼓肚、内裂、中心偏析及疏松等缺陷产生。而钢水温度偏低又易使铸坯表面质量恶化，造成夹杂、重皮等缺陷。近年来开发的中间包感应加热法和等离子加热法可保持铸温基本稳定。

（2）钢水成分与纯净度控制对连铸坯的组织、性能有决定意义。$w(C)=0.1\%\sim0.2\%$钢的连铸易产生缺陷，尽量提高$w(Mn)/w(Si)$比值（大于 3.0），硫含量尽量低及$w(Mn)/w(Si)$比值大于 25。为尽量减少钢中夹杂含量，可采用挡渣出钢技术、高质量耐火材料、钢水净化处理及保护浇注、保护渣与浸入式水口等措施。保护渣除可对钢水起绝热保温和防止氧化作用以外，还可流入坯壳与结晶器壁之间起良好的润滑作用，对减少摩擦防止裂纹十分有利。

为净化钢水可采用电磁搅拌技术，其有利于均匀成分、细化晶粒，加速铸坯凝固，使气体和夹杂上浮，改善铸坯表面质量。为保证铸坯质量防止内外裂纹，近年来采用使铸坯曲率逐渐变化的多点矫直和压缩浇注的技术。后者是在矫直区前设一组驱动辊，给铸坯一定推力，而在矫直区后设一对制动辊（惰辊），给铸坯一定的反推力，使其在受压缩应力的条件下矫直，减少了易导致裂纹的拉应力，从而改进了质量及提高了拉速和产量。

连铸的拉速快慢对铸坯质量和产量有很大影响。拉速高不仅生产率高，而且可改善表面质量，但拉速过高容易造成拉裂甚至拉漏。基于液芯长度等于冶金长度的设计原则，最大拉坯速度 v_{max} 可计算为：

$$v_{max} = 4L(K/d)^2 \tag{1-1}$$

式中　K——平均凝固系数，碳钢板坯取 27mm/min，方坯取 30mm/min，合金钢比碳钢小 2~4mm/min；

　　　L——连铸机冶金长度，m；

　　　d——铸坯厚度，m。

二冷区冷却强度对裂纹、疏松、偏析等有直接影响，应根据不同钢种确定。一般普碳钢和低合金钢的冷却强度为每 1kg 钢 1~1.2L 水，中、高碳钢、合金钢为每 1kg 钢 0.6~0.8L 水，热敏感性强的钢种为每 1kg 钢 0.4~0.6L 水。采用汽水或雾化冷却等弱冷手段有利于提高出坯温度和实现铸坯热装直接轧制。

总之，通过改进连铸工艺和设备，即可生产出无缺陷的连铸坯，为连铸坯实现热装和直接轧制工艺创造了基础条件。

1.3.1.2　连铸坯液芯软压下技术

所谓连铸坯液芯压下（Liquid Core Reduction）又称为软压下（Soft Reduction），就是在连铸坯出结晶器后其芯部仍未凝固时便对其坯壳进行缓慢压下，经二冷扇形段使液态芯部不断压缩并凝固，直至铸坯全部凝固，其在短流程工艺，如薄板坯和中厚板坯连铸连轧工艺中已得到了广泛的应用，在方坯和扁坯连铸工艺中也有应用。连铸坯液芯压下的主要功能和优点为：

（1）可提高连铸坯出机温度，也就是说，可提高铸坯直接热装炉的温度，以充分实现连铸连轧生产过程，大大节约热能及原材料等的消耗。

（2）可以提高连铸机的连铸速度，相应提高连铸坯的产量，并改善与轧机速度的匹配度，液芯压下位置与拉坯速度的关系如图 1-9 所示。

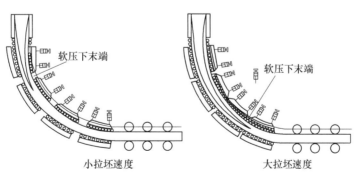

图 1-9　液芯压下位置与拉坯速度的关系

（3）改善铸坯内部质量，减小中间偏析和疏松，破碎柱状晶和枝晶，使晶粒细化且组织致密。

（4）改善表面质量。因为这样可使结晶器的厚度得以增大，不仅有利于长水口的插入，而且使铸坯在结晶器内具有较好的弯月面稳定性和更好的保护渣润滑效果，使表面质量得到提高。

（5）增大了生产的灵活性，合理解决了铸坯与轧坯的厚度匹配问题，使铸坯连铸连轧过程得以最合理的方式进行生产。

由此可见，连铸坯带液芯压下已是成熟的技术，对实现连铸连轧生产过程，提高铸坯的质量、产量和降低生产成本很有必要。必须注意液芯压下的厚度（压下量）要小于铸坯产生裂纹的最大压下量，多次小（轻）压下后的叠加应变应低于产生裂纹的临界应变，而通过扇形段对弧可以有效地降低较大压下量产生的拉伸应变。为了得到铸坯的目标厚度，液芯压下最好在上部扇形段完成。但压下不能集中在很短的区段或一点，而应尽可能将压下区段设计得长一点，以使叠加应变更小些。压下位置及压下量通过液芯量及凝固壳厚等模型计算进行控制。

1.3.1.3　连铸与轧钢工艺的衔接

轧钢生产工艺流程正在朝着连续化、紧凑化、自动化的方向发展。实现钢铁生产连续化的关键之一是实现连铸-连轧过程的连续化。连铸与轧制的连续衔接匹配问题包括：产量的匹配、铸坯规格的匹配、生产节奏的匹配、温度与热能的衔接与控制，以及钢坯表面质量与组织性能的传递与调控等多方面的技术，其中产量、规格和节奏匹配是基本条件，质量控制是基础，而温度与热能的衔接调控则是技术关键。

A　钢坯断面规格及产量的匹配衔接

连铸坯的断面形状和规格受炼钢炉容量、轧机组成及轧材品种规格和质量要求等因素的制约。铸机的生产能力应与炼钢及轧钢的能力相匹配，铸坯的断面和规格应与轧机所需原料及产品规格相匹配，并保证一定的压缩比。

连铸机生产能力计算方法：

连铸单炉浇注的时间 T 为：

$$T = \frac{G}{A\rho v_g N} \tag{1-2}$$

式中　G——每炉产钢量；

　　　A——铸坯断面积；

　　　ρ——钢的密度；

　　　v_g——拉坯速度；

　　　N——铸机的流数。

铸机日产量：

$$Q_d/t = (1440/T)G\eta_1\eta_2 \tag{1-3}$$

式中　1440——1d 的分钟数；

　　　η_1——铸坯收得率；

　　　η_2——铸坯合格率，一般取 96%～99%。

铸机年产量：

$$Q_y/t = 365CQ_d \tag{1-4}$$

式中　C——铸机有效浇钢作业率。

可见要提高连铸机生产能力，就必须提高铸机的作业率。

为实现连铸与轧制过程的连续化生产，应使连铸机生产能力略大于炼钢能力，而轧钢能力又要略大于连铸能力（约大 10%），才能保证产量的匹配关系。

B 连铸与轧制衔接模式及连铸-连轧工艺

从温度与热能利用着眼,钢材生产中连铸与轧制两个工序的衔接模式,一般有如图1-10所示的可分为以下五种类型:方式1′为连续铸轧(ISP),铸坯在铸造的同时进行轧制;方式1为连铸坯直接轧制工艺(CC-DR),高温铸坯不需进加热炉加热,只略经补偿加热即可直接轧制;方式2为连铸坯直接热装轧制工艺(CC-DHCR或HDR),也可称为高温热装炉轧制工艺,铸坯温度仍保持在A_3线以上奥氏体状态装入加热炉,加热到轧制温度后进行轧制;方式3、4为铸坯冷至A_3甚至A_1线以下温度装炉,也可称为低温热装工艺(CC-HCR)。方式2、3、4皆需入正式加热炉加热,故亦可统称为连铸坯热装(送)轧制工艺;方式5即为常规冷装炉轧制工艺。可以这样说,在连铸机与轧机之间无正式加热炉缓冲工序的称为直接轧制工艺;有加热炉缓冲工序且能保持连续高温装炉生产节奏的为直接(高温)热装轧制工艺。我国传统称为方式1(1′)和2两类工艺为连铸-连轧工艺(CC-CR)。

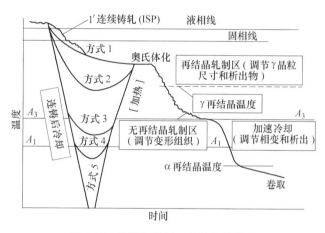

图1-10 连铸与轧钢工艺的衔接类型

铸坯在铸造的同时进行轧制,高温铸坯不需进加热炉加热,只略经补偿加热即可直接轧制。主要优点是:利用连铸坯冶金热能,节约能源消耗;提高成材率,节约金属消耗;简化生产工艺流程,减少厂房面积和运输各项设备,节约基建投资和生产费用;大大缩短生产周期,从投料炼钢到轧出成品仅需几个小时;直接轧制时从钢水浇铸到轧出成品只需十几分钟,增强生产调度及流动资金周转的灵活性;提高产品的质量;减少人员编制。

实现连铸连轧即CC-DR和CC-DHCR工艺的主要技术关键包括:(1)高温无缺陷钢坯生产技术;(2)保证工艺与设备可靠性的技术等多项综合技术;(3)自由程序(灵活)轧制技术;(4)生产计划管理技术;(5)铸坯温度保证与输送技术,如图1-11所示,其主要包括:1)争取铸坯保持更高均匀的温度,用液心凝固潜热加热表面的技术,或称为未凝固再加热技术;2)连铸钢坯的输送保温技术;3)板坯边部补偿加热技术。

1.3.2 控制轧制和控制冷却

所谓控制轧制和轧制冷却,就是在调整化学成分的基础上,通过控制加热温度、控制轧制温度、控制变形量、控制变形速度以及控制冷却速度、控制冷却温度达到控制钢材的

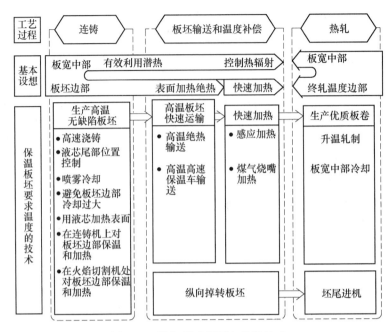

图 1-11 铸坯温度保证与输送技术

组织性能、力学性能从而提高钢材的强韧性和焊接性能。

1.3.2.1 钢材热变形后的相变行为

钢材热变形后在冷却过程中，因工艺条件不同，即热变形后的奥氏体晶粒大小、形态不同，则奥氏体向铁素体转变时的相变开始温度不同、铁素体形核机制不同，所以相变后生成的组织形态也截然不同，如图 1-12 所示为普碳钢和加铌、钒微合金钢热变形工艺与γ/α 相变类型的关系图。由图可以归纳几种基本相变类型：

Ⅰ A 型：热轧过程中奥氏体开始发生再结晶，且再结晶后奥氏体晶粒有明显长大趋势，当相变前粗化的奥氏体晶粒度小于或等于 5 级时，在冷却过程中先共析的铁素体晶粒主要在奥氏体晶界上形核，并以片状或针状的方式向晶粒内长大而形成魏氏组织 α 和 P，魏氏组织将降低钢材的韧性和塑性，形成魏氏组织的倾向：铌钢>普碳钢>钒钢。

Ⅰ B 型：如果热轧后 γ 发生再结晶，在转变前 γ 晶粒是 6 级或更细，则转变按 Ⅰ B 型进行。α 晶核基本上在 γ 晶界上形成，并获得具有等轴 α 与 P 的均匀组织。原始 γ 晶粒越细，转变后的 α 也越细。这就是再结晶型控制轧制。

Ⅱ型：热轧过程处于奥氏体未再结晶温度区域，轧后 γ 不发生再结晶，则转变按 Ⅱ 型方式进行。如果是多道变形则道次间的应变可以累积叠加，相变过程中铁素体不仅在晶界形核而且在变形带上亦形核，因此形核速度显著增大。由于形核位置不同，相变后可以获得均匀细小的铁素体和珠光体组织，也可能得到粗细不均的混晶组织。这里的关键在于未再结晶区中得到的、均匀的变形带。未再结晶区内总变形量小，得到的变形带就少，且分布不均。在总变形量相同时，一道次的压下率越大，变形带越容易产生、且分布易均匀。相变后得到的组织亦越均匀细小，相变后不会产生魏氏组织和上贝氏体组织。这是未再结晶型的控制轧制。

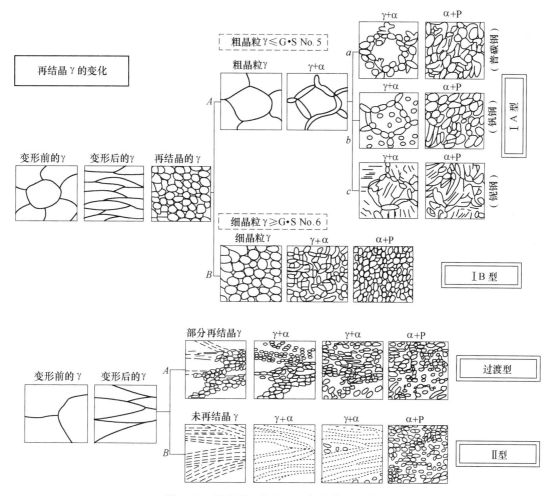

图 1-12 热变形工艺与 γ/α 相变类型的关系

过渡型：热轧过程中处于奥氏体部分再结晶的温度区域，轧制变形后相变过程介于 I 型和 II 型转变之间，其相变可能会出现两种状况：其一是部分奥氏体晶粒按 I B 型转变成细小的铁素体和珠光体，其余部分是未再结晶的奥氏体晶粒相变后形成魏氏组织和珠光体；另一种状况是其中一部分变形量大的未再结晶奥氏体晶粒按 II 型转变形成细小的铁素体和珠光体，而另一部分变形量小奥氏体则转变成魏氏组织和珠光体。因此看出，无论哪种状况，最终形成的都是晶粒大小不均匀的混合组织。

总之，I 型相变是一种不局限于轧制钢材的相变组织，钢材离线加热和冷却也能得到相变后的细化均匀组织，如中厚板生产中常用的正火处理；II 型相变则是热轧钢材所特有的相变形态，其相变行为与变形过程中的工艺参数密切相关。

1.3.2.2 钢材的控制轧制

控制轧制的基本类型包括以下三种：

（1）奥氏体再结晶区控制轧制。奥氏体再结晶区控制轧制的主要目的是通过对加热时粗化的初始 γ 晶粒进行反复轧制，反复再结晶使晶粒细化。由 γ/α 相变可知，相变前 γ 晶粒越细，相变后得到的 α 晶粒也越细，但细化有一定的极限。因此，再结晶区轧制只是通过再结晶使 γ 晶粒细化，实际上是控制轧制的准备阶段。奥氏体再结晶轧制的温度范围，通常含 Nb 钢为 1000℃ 以上，普碳钢为 950℃ 以上。

（2）奥氏体未再结晶控制轧制。在奥氏体未再结晶区进行控轧时，γ 晶粒沿轧制方向被压扁、伸长，晶粒扁平化使晶界有效面积增加。同时在 γ 晶粒内产生形变带，这就显著地增加了 α 晶粒的形核密度，并且随着在未再结晶区的总压下率增加，形核率进一步增加，相变后获得的 α 晶粒越细。由此可以得出，在未再结晶区总压下率越大，应变累积效果越好。奥氏体的晶内缺陷、形变硬化以及残余应变所诱发的奥氏体相变到铁素体的细晶机制越强，在轧后的冷却过程中越容易形成细小的铁素体加珠光体组织。含 Nb 钢的未再结晶温度区间大体在 950℃ 与 A_{r3} 之间。

（3）（γ+α）两相区控制轧制。在 A_{r3} 温度以下两相区轧制，未相变的 γ 晶粒更加抽长，在晶粒内形成更多的变形带，大幅度地增加了相变后 α 晶粒的形核率；另外，已相变的 α 晶粒在变形时，在晶内形成了亚结构。在轧后的冷却过程中，前者相变后形成微细的多边形铁素体晶粒，而后者因回复变成内部含亚晶的 α 晶粒，因此两相区轧制后的组织为大倾角晶粒和亚晶粒的混合组织。两相区轧制与 γ 单相区轧制相比，钢材的强度有很大提高，低温韧性也有很大改善。但两相区轧制可能会产生织构，使钢板在厚度方向的强度降低。

可得出 α 细化程度为：Ⅱ型>ⅠB型>过渡型>ⅠA型，为了获得细小的 α 晶粒，ⅠB型和Ⅱ型是两种不同的方法。而Ⅱ型控制要求在未再结晶区进行大变形，而在 α 未再结晶区进行多道次变形的前提是 α 未再结晶区的温度区间要大，这只有在含 Nb、V、Ti 等微合金元素的钢中才容易做到，而对于普碳钢要实现Ⅱ型控制则较难，如图 1-13 所示。

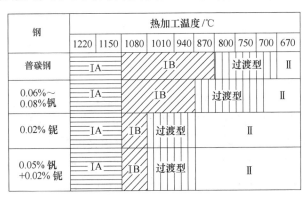

钢	热加工温度 /℃									
	1220	1150	1080	1010	940	870	800	750	700	670
普碳钢	ⅠA		ⅠB				过渡型			Ⅱ
0.06%~0.08%钒	ⅠA		ⅠB			过渡型			Ⅱ	
0.02%铌	ⅠA		ⅠB	过渡型		Ⅱ				
0.05%钒+0.02%铌	ⅠA		ⅠB	过渡型		Ⅱ				

图 1-13　非合金低碳钢和含 Nb、V 的低碳钢变形 75% 的
轧制温度与转变类型之间的关系

在控制轧制中通常可以把以上三种控制方式一起进行连续控制轧制，也可根据需要选择合适的控轧技术路线。

控制轧制工艺参数的选择是根据钢种特性和最终产品性能的要求，选定加热制度和轧制制度，即选择加热温度、轧制的道次变形量、变形温度和变形速度等工艺参数。通过选定工艺参数来控制钢材轧后的组织形态，进而通过冷却来控制最终产品的性能。

加热制度的控制：钢坯加热要控制加热速度、加热温度和加热时间，同时要考虑表面氧化、脱碳、断面温差等因素。就控制轧制而言，确定加热温度应充分考虑钢坯高温加热时的原始奥氏体晶粒尺寸和碳、氮化物的溶解程度，同时考虑开轧温度和终轧温度。采用控制轧制时的原始奥氏体晶粒越小越有利，在满足轧制温度历程和终轧温度的条件下应尽量降低加热温度，通常比常规加热温度降低 50~100℃ 左右。在轧机能力允许的条件下，普碳钢加热温度可以控制在 1050℃ 或更低，对含 Nb 的钢 1050℃ 时，Nb 的（C、N）化合物刚开始分解或固溶，1150℃ 时奥氏体晶粒长大且较均匀，1200℃ 开始晶粒粗化，因此 1150℃ 对细化晶粒有利。当然如果轧制能力大也可以加热至 950℃ 左右。采用低温轧制轧后更利于提高强韧性和降低脆性转变温度。

轧制温度控制：轧制温度是影响钢材组织和力学性能的重要工艺参数。轧制温度控制包括开轧温度控制、终轧温度的控制，亦即要对热轧机组各机组的开轧和终轧温度控制。粗轧机通常是高温区奥氏体再结晶轧制，反复轧制、反复再结晶获得均匀细小的奥氏体晶粒，为精轧阶段控制轧制提供理想的组织。再结晶轧制的温度区间依钢材成分等因素的不同而各异，精轧阶段控制轧制通常应在未再结晶区或两相区轧制，未再结晶温度区间大体为 950℃ ~ A_{r3} 之间；两相（γ+α）区，温度区间在 A_{r3} ~ A_{r1} 之间。控轧终轧温度依钢材成分和性能要求不同而各异。值得注意的是无论是在未再结晶区轧制还是在两相区轧制，必须有足够的总变形量，最大限度地发挥精轧阶段的应变累积效应，这样也必须严格控制精轧区的开轧温度和终轧温度。如表 1-6 为中厚板 Q345B 钢轧制在相同的变形条件下，以不同的精轧开轧和终轧温度轧制，三种不同的精轧温度区间轧制后空冷材的力学性能不同。可见，精轧温度区间的确定对提高钢材的韧性指标和力学性能是至关重要的。

表 1-6 Q345B 钢在三种不同的精轧温度区间轧制后空冷的力学性能

序 号	开轧温度/℃	终轧温度/℃	σ_s/MPa	σ_b/MPa	A_{KV}/J	
					横	纵
1	800	756	371.39	548.12	106	193
2	880	822	396.17	568.92	117	229.5
3	950	884	389.74	544.41	58	116.5

变形制度控制：其是控制热轧过程中的总变形量、道次变形量和变形速度。对型材而言，孔型系确定后，每道次和总变形量即已确定，控制变形参数只有变形速率。对管材热加工，通常也很难大幅度调整控制变形量，因此型、管热加工只能控制变形速度以调节变形温度，只有板带轧制的道次变形量是可控的。

板带轧制过程中，在加热制度、开轧和终轧温度一定的条件下，合理地设定各道次变形量和道次间隔时间，通过再结晶区和未再结晶区及两相区控轧，可以得到所需的均匀细小的组织，从而提高钢材的综合力学性能和韧性。

一般在高温区的再结晶轧制即是动态和静态再结晶轧制，只要轧机能力允许应尽量增加道次压下量，避免道次变形量小于临界变形量以下，防止出现粗大晶粒。在这一温度范围，经多道次轧制，通过反复的静态再结晶或动态再结晶，可使奥氏体晶粒细化。为避免特大粗晶粒出现，此段的道次变形量不能小于 10%、最好达到 15%~20%。

中温区轧制即在未再结晶区轧制，根据钢的化学成分不同，这一区域温度范围在 950℃ ~ A_{r3} 之间，该区轧制的特点主要是在轧制过程中不发生奥氏体再结晶现象。塑性变形使奥氏体晶粒拉长，形成变形带和 Nb、V、Ti 微量元素碳氮化物的应变诱发沉淀。变形奥氏体晶界是由奥氏体向铁素体转变时铁素体优先形核的部位，奥氏体晶粒被拉长，将阻碍铁素体晶粒长大，随着变形量增大，变形带的数量也增加，且分布更加均匀。这些变形带提供了相变时的形核地点，因而相变后的铁素体晶粒更加均匀细小。

　　未再结晶区轧制导致钢的强度提高和韧性改善，主要是由于铁素体晶粒细化。且随变形量加大，钢的屈服强度提高，脆性转变温度下降。

　　在拉长的奥氏体晶粒边界，滑移带优先析出铌的碳化物颗粒，因而弥散微粒在 $\gamma \rightarrow \alpha$ 相变前主要沿原奥氏体晶界析出，可以阻止晶粒长大。在未再结晶区加大变形使 $\gamma \rightarrow \alpha$ 相变开始温度提高，累积变形量的加大也促使 A_{r3} 温度提高，相变温度提高，促使相变组织中多边形铁素体数量增加，珠光体数量相应减少。由于未再结晶区轧制不发生再结晶变形且有变形累加效应，为达细化晶粒的目的，总变形应不小于 50%。

　　奥氏体和铁素体两相区轧制时，一般在再结晶区、未再结晶区进行控制轧制，接着可能在奥氏体和铁素体两相区的温度上限进行一定压下变形。在这一温度范围，变形使奥氏体结晶粒继续拉长，在晶粒内部形成新的滑移带，并在这些部位形成新的铁素体晶核。而先析铁素体，经变形后，使铁素体晶粒内部形成大量位错，由于温度相对较高（两相区上限）这些位错形成了亚结构。亚结构促使强度提高，脆性转变温度降低。强度急剧提高，亚结构是引起强度迅速增加的主要原因。

1.3.2.3　轧后钢材控制冷却及直接淬火工艺

　　钢材热轧后控制冷却的目的是为了改善钢材的组织状态，提高钢材性能，缩短轧材冷却生产周期，提高轧机的生产能力；轧后控制冷却也可以防止钢材在冷却过程中由于冷却不均而产生不均变形，致使过程产生扭曲或弯曲。

　　A　控制冷却对轧后钢材组织和性能的影响

　　由于采用了控制轧制，钢材热轧后组织多由细小均匀的奥氏体晶粒或细小的奥氏体和少量铁素体晶粒组成。由于热变形因素影响，促使钢的变形奥氏体向铁素体转变温度 A_{r3} 点提高，因而铁素体是在较高温度下提前析出。如果在高温终轧，在 $\gamma \rightarrow \alpha$ 相变前奥氏体是处在完全再结晶状态时，轧后空冷、或堆冷则变形奥氏体晶粒将在冷却过程中长大，相变后得到粗大铁素体组织；同时由于 A_{r3} 提高，铁素体处于高温段时间增加，已经粗大的铁素体还将继续长大形成更加粗大的铁素体组织；另外由于奥氏体粗大，A_{r1} 点上升，珠光体尺寸粗大，片层间距加厚，力学性能明显降低。如果变形奥氏体终轧时处于部分再结晶区，轧后慢冷容易引起奥氏体晶粒严重不均。如果终轧后处于未再结晶区，则轧后很快相变，析出铁素体，慢冷时铁素体晶粒长大，且冷至常温时组织不均匀，因而这些都会降低钢材的强韧性能。

　　由此可见，热轧或控轧后的钢材必须配合控制冷却，防止奥氏体晶粒长大，降低 $\gamma \rightarrow \alpha$ 的相变温度，并控制铁素体晶粒长大，细化珠光体组织，控制轧制与控制冷却结合，将更好地提高控制钢材的强韧性能。

　　热轧后钢材的冷却一般分为三个阶段，即为一次冷却、二次冷却和空冷。三个阶段冷却目的和要求不同，故采用的控制轧制冷却工艺也不同。

　　一次冷却是指从终轧后开始到奥氏体向铁素体开始转变温度 A_{r3} 点这个温度范围内控

制其开始快冷温度、冷却速度和控冷终止温度，其目的是控制变形奥氏体的组织状态，即控制奥氏体晶粒度、阻止碳氮化物析出固定由于变形而引起的位错、降低相变温度，为 $\gamma \to \alpha$ 相变做准备。一次冷却的开始快冷温度越接近终轧温度，细化变形奥氏体的效果越好。因此，若提高钢材的强韧性就必须在接近终轧温度处开始快速冷却以获得细小均匀的奥氏体晶粒；若钢材在热工以后继续冷加工，则为降低强度而应在此段温度范围减缓冷却速度。

二次冷却是指从相变开始温度到相变结束温度范围内的冷却控制，其目的是控制钢材相变时的冷却速度和停止控冷的温度，即控制相变过程，以保证钢材快冷后得到所要求的金相组织和力学性能。对于低碳钢及含 Nb、V、Ti 的低碳合金钢，第二阶段的冷却速度快慢将对钢材最终性能起决定作用，根据所轧钢材的动态 CCT 曲线，不同的冷却速度可以得到 $\alpha + P$、$\alpha + B$ 组织。二次冷却终冷温度应在 600℃ 左右。对低碳钢而言，冷至 600℃ 以后相变基本全部结束。因此 600℃ 以下的冷速已对组织状态没有影响；而对含 Nb 钢，空冷过程中会发生碳氮化物析出，对生成的贝氏体有轻微回火效果。

对高碳钢和高碳合金钢轧后控冷的第一阶段也是为控制细化变形奥氏体，降低二次碳化物的析出温度，甚至阻止碳化物由奥氏体中析出，降低网状碳化物析出量，降低网状碳化物级别，减小珠光体球团尺寸。而二次冷却的目的是为改善珠光体的形貌和片层间距。二次冷却的终冷温度因钢的成分及最终性能要求不同而各异，如轴承钢通常控制在 650℃ 左右。

空冷阶段则是在快冷阶段碳化物来不及析出，仍固溶在 γ 相中，相变后空冷时将继续弥散析出，改善强韧性。

B 控制冷却方法

控制热轧材轧后冷却的方法大体可分快冷、超快冷、空冷和缓冷。根据产品性能的技术要求可以选取不同的冷却方法，也可选取几种冷却方法柔性组织在一起以控制最终产品的组织性能。空冷即在空气中自然冷却；缓冷即将轧后材堆放或埋放在保温材料中冷却。

快速冷却是指在控制轧制后，奥氏体向铁素体相变的温度区间进行快速冷却，使相变组织更加细化，以获得更高的强韧性。快速冷却的介质一般是用水，当水滴最初冲击到热钢材的表面时会迅速形成一层蒸气膜，而随后喷来的水滴会被这层蒸气膜所排斥，使热传导效果下降，导致冷却效果急剧下降。采用棒状水流保持水流连续性的层流冷却系统和水幕冷却系统使冷却水连续冲击在一个特定面上，该表面很难形成稳定的蒸气膜，表面温度下降迅速。层流冷却和水幕冷却水压力为 0.6~0.7MPa，小压力，流量大，冷却效果好。该冷却方式已广泛应用在板带生产线上。

超快速冷却系统、层流冷却和水幕冷却系统的冷却最大能力在 10℃/s 左右，有时满足不了热轧钢材快速冷却的需要。超速冷却系统，最大冷却速率可达 65℃/s，其最大特点是避开了冷却过程中的过度沸腾和膜沸腾阶段，实行了全面的核沸腾，具有很高的冷却速率和很高的均匀性。超快冷却系统的喷嘴与钢板的距离较近，以一定角度沿轧制方向将一定压力的水喷射到板面上，将板面残存水与钢板之间形成的蒸气膜吹扫掉，从而达到钢板和冷却水之间完全接触。实行核沸腾，提高了钢材与冷却水之间的热交换，达到较高的冷却速率且可以使钢板冷却均匀，抑制了因冷却不均产生的钢板翘曲。

C　直接淬火工艺

直接淬火工艺是指钢板热轧终了后在轧制作业线上实现直接淬火、回火的新工艺，其有效地利用了轧后余热，有机地将变形与热处理工艺相结合，从而有效地改善钢材的综合性能，即在提高强度的同时，又可保持较好的韧性。

近年来，直接淬火、回火工艺在中厚钢板生产中的应用逐渐增多，促进了中厚钢板生产方法由单纯依赖合金化和离线调质的传统模式，转向了采用微合金化和形变热处理技术相结合的新模式。这不仅可使钢材的强度成倍提高，而且在低温韧性、焊接性能、抑制裂纹扩展、钢板均匀冷却以及板形控制等方面都比传统工艺更优越。

如图 1-14 所示为直接淬火工艺与传统工艺的对比。由图可见，直接淬火-回火（DQ-T）工艺和传统再加热淬火-回火（RQ-T）工艺相比，直接淬火工艺省去了离线再加热工序，缩短了工艺流程，节约了能源，降低了生产成本；另外，通过对化学成分的调整和直接淬火前轧制条件的控制，还可以获得再加热淬火所得不到的强度和韧性组合。同时采用直接淬火工艺还有助于提高钢材的淬透性，在生产相同力学性能的产品时可大幅度减少合金元素含量从而降低碳当量，改善焊接等工艺性能，收到高效、节材、节能和降耗的多重效果。由此可见，直接淬火工艺在中厚板生产中具有非常广阔的发展前景。

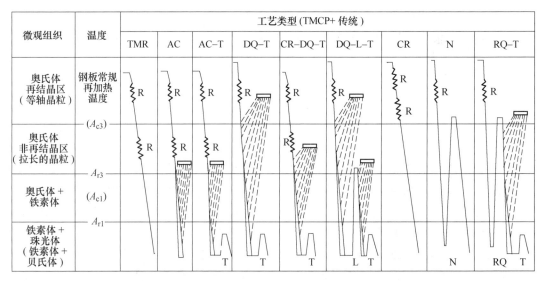

图 1-14　直接淬火工艺与传统工艺的对比

TMR—热机械轧制；L—两相区淬火；R—热轧；AC—加速冷却；CR—控制轧制；
N—正火；DQ—直接淬火；RQ—再加热淬火；T—回火

直接淬火工艺根据控制轧制温度的不同，可以分为再结晶控轧直接淬火（DQ-T）、未再结晶控轧直接淬火（CR-DQ-T）和再结晶控轧直接淬火+两相区淬火（DQ-L-T）三种不同的工艺类型。

（1）再结晶控轧直接淬火-回火（DQ-T）工艺是在轧后的再结晶温度区间直接淬火随后回火。与普通的再加热淬火-回火钢相比，直接淬火钢的强度略有下降，这是因为再结晶区控轧直接淬火钢的加工温度较高，淬火前的奥氏体晶粒为等轴状且尺寸相对较大所致。但是，钢材轧前的加热温度比离线再加热时的温度要高得多，却有利于更多的合金元素溶入奥氏体，会使直接淬火钢的淬透性得到提高。

（2）未再结晶控轧直接淬火-回火（CR-DQ-T）工艺是将钢材在奥氏体未再结晶区轧制后直接淬火-回火工艺。因其终轧温度低于再结晶温度，奥氏体晶粒在没有发生再结晶的情况下受到变形后沿着轧制方向被拉长，即淬火前的组织为位错密度较高的扁平状形变奥氏体。所以可能因形变热处理效应而获得用普通的再加热淬火-回火（RQ-T）和直接淬火-回火（DQ-T）所得不到的强度和韧性组合。

（3）再结晶控轧直接淬火-两相区淬火-回火（DQ-L-T）工艺是在奥氏体再结晶区轧制后直接淬火得到全马氏体/贝氏体组织，经过回火后，最终获得软相的铁素体和回火马氏体/贝氏体的复合组织。经 DQ-L-T 处理后的钢材具有较高的抗拉强度、较低的屈强比和优良的低温冲击韧性，并且对抑制可逆回火脆性具有显著效果。

 练习题

1-1　连铸及连铸-连轧工艺与传统模铸热轧工艺比较有何优越性？

1-2　什么是轧钢生产系统？碳素钢与合金钢的生产系统有何主要区别？

1-3　简述轧制过程影响钢材性能的主要工艺因素及其基本规律。

1-4　连铸与轧制的衔接模式及主要关键技术有哪些？

1-5　什么是轧制生产工艺过程？制订轧制生产工艺过程的原则和任务分别有哪些？进行工艺制定时应作何原则性考虑？

1-6　简述轧制过程影响钢材性能的主要工艺因素及其基本规律。

1-7　试依据轴承钢的主要技术要求与钢种特性，分析拟订其生产工艺过程。

1-8　控制轧制及控制冷却主要优点有哪些，为何对连铸-连轧工艺很有必要？

1-9　控制轧制和控制冷却技术在钢板的生产中有哪些应用？

1-10　控制轧制和控制冷却技术在型钢的生产中有哪些应用？

1-11　控制轧制和控制冷却技术在钢管的生产中有哪些应用？

2 初轧及型、线材生产工艺

2.1 初轧生产

在连铸技术成熟之前，钢水只能铸成方形断面或矩形断面的钢锭，并且是上大下小的几何体，其不可能同时适用于板材轧制、型材轧制和管材轧制生产要求。因此，轧钢厂和炼钢厂之间需要有一个中间环节，将钢锭按轧材厂的要求轧成板坯、型材坯或管坯。这种轧制钢锭开坯的生产工序就叫做初轧。

目前轧制普通钢材绝大多数都使用连铸坯，只有在用连铸法浇铸有困难时，才用钢锭经初轧机轧成钢坯。例如，生产超出规定压缩比的极厚、极大钢材；生产高合金钢等特殊钢坯，用连铸法还难以保证质量。

总体上说，我国初轧机的装备落后，产品品种受到相当大的制约，且产品质量较低，仅可以满足当时那个时期的一般需求。只是由于我国的连铸技术起步较晚，因此相应地延长了这些初轧机的寿命。随着连铸技术的日趋成熟，初轧机面临着被淘汰或是必须加以改造以适应新的生产形式的局面。我国初轧机的生产能力巨大，存量资产巨大，实现全连铸后全都淘汰损失很大。在轧材总能力大于市场需求的今天，这些轧机的去留或改造都是一个艰难的课题。

2.1.1 初轧机的类型及生产特点

2.1.1.1 初轧机的类型

初轧机按结构形式可分为以下几种：

（1）二辊可逆式初轧机。又可分为方坯初轧机和方-板坯初轧机。轧机大小以轧辊公称直径表示。方坯初轧机的上辊升高量较小，辊身上刻有数个轧槽，采用方形或矩形断面钢锭，经多次翻钢轧成方坯、矩形坯、异型坯或圆坯，如图 2-1（b）所示。为扩大品种，提高生产能力，在方坯初轧机后面往往设 1~2 组钢坯连轧机，用以生产较小规格的方坯、管坯、异型坯和薄板坯。方-板坯初轧机既轧方坯又轧板坯，生产比较灵活。辊身上刻有平轧孔和立轧孔，如图 2-1（a）所示，轧制板坯时需用立轧孔轧侧边，由于有立轧道次，故上辊升降量大，又称为大开口度初轧机，其后也常跟 1~2 组水平-立式交替布置的钢坯连轧机。

（2）万能板坯初轧机。属板坯专用初轧机，在水平方向上有两个轧辊，在垂立方向上有两个立辊，其孔型如图 2-1（c）所示。当立辊能力较弱时，钢锭先在水平辊上立轧 1~3 道，去除大面上的氧化铁皮，消除钢锭侧面锥度，然后翻倒，经平辊轧出成品。此时立辊只起齐边和控制坯宽作用。当立辊能力较强，又有高压水除鳞时，可全用平轧出成品。此时立辊起侧压和控制宽度的作用。此外还有"联合型"初轧机，既可生产钢坯，又可将水平辊换成一对小工作辊和一对大支撑辊，用以生产成品钢板。与大开口度的板坯初轧机相比，在初轧过程中不需翻钢，所以效率较高，约可缩短30%的轧制时间，而且对轧件的侧面有良好的锻造效果。在万能初轧机的水平轧辊上切出的孔型，也能进行大方坯的轧制。

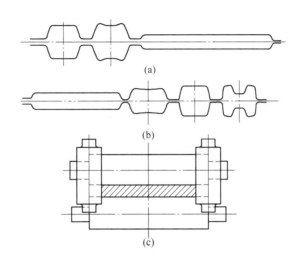

图 2-1 各类初轧机孔型
（a）方-板坯初轧机；（b）方坯初轧机；（c）万能板坯初轧机

万能板坯初轧机，其立辊位置主要有两种（见图2-2），一种立辊在轧机前（VH），一种在轧机后（HV）。后者的优点为：最后一道立辊齐边，控制板坯宽度尺寸精确、侧边平齐；推床、翻钢机距水平辊较近，可节省翻钢时间和前后两锭间隔时间；轧制较薄板坯时，板坯不易在立辊内扭斜。故有很多厂的初轧机已采取这种布置或采取轧机前后都设立辊的（VHV）布置方式。立辊的传动方式亦有两种（见图2-3）：一种是由两台立式电机通过万向接轴从上而下直接传动立辊，另一种是由一台卧式电机通过圆弧伞齿轮系统和万向接轴传动。前者机架设备和厂房都得十分高大，而后者较小，故目前多用后者。由于轧制时水平辊与立辊间形成连轧，水平辊与立辊的间距直接影响轧制周期的长短，因此在设备安装允许的条件下，应尽量缩短间距。

（3）三辊开坯机。该轧机有三个轧辊，轧辊不需逆转，轧机建设费较低，而且能耗低，其运转动力70%用于钢锭的变形。由于孔型是一定的，所以产品规格灵活性小，产品范围比较窄，此外，在轧机前后都必须配备摆动升降台。三辊式开坯机主要应用于中小型企业。

（4）钢坯连轧机。是几台二辊式轧机的串列布置，轧辊转动方向不变，它的坯料及成品的适应性较差，但可以对需要量大且断面形状一定的中小型钢坯或薄板坯进行高效率轧制。钢坯连轧机一般配置在初轧机后，钢锭先初轧成大钢坯后，再进入连轧机。对于水平辊和小辊交替的连轧机，机架之间不必翻钢，故能接受断面较大的初轧方坯，解决了因翻钢导致拉应力的出现而引起的钢坯表面裂纹及翻钢机的磨损等问题。

一般说来，在各类初轧机上均有一较合适的锭重和产品尺寸范围，此时轧机的生产率高、产品质量也好，并使上、下厂之间的生产能力和金属收得率均能得到兼顾。表2-1列出了初轧机的有关技术性能和数据。

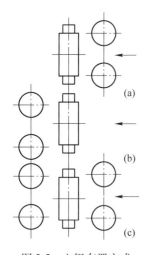

图 2-2　立辊布置方式

（a）VH；（b）HV；（c）VHV

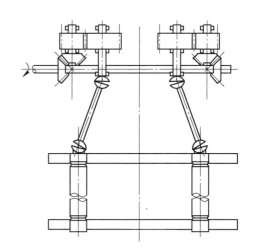

图 2-3　立辊传动方式

表 2-1　初轧机性能和产品范围

类型	轧辊直径/mm		电机功率/kW		水平辊电机转速/r·min⁻¹	锭重/t	坯料尺寸/mm	年产量/万吨
	水平辊	立辊	水平辊	立辊				
方坯初轧机	750		2800×1		0-62-120	2~2.4	（120×120）~（220×220）	40
	850		4000×1		0-70-120	2.1~5.0	（150×180）~（235×235）	90
	1100		2600×2		0-40-80	5.7~7.1	（210×210）~（300×300）	260
	1250		6000×2		0-50-100	~13	>300×300	450
方-板坯初轧机	1000		4416×1		0-50-100	4.7~7.5	（150×150）~（250×250）（120~200）×（600~1000）	100
	1150		4560×2		0-50-120	7.1~15	300²（120~280）×（800~1550）	400
	1220		6000×2		0-40-80	~45	（400×400）~1880	410
	1345		6780×2			方坯10	350×350 300×220	300
万能板坯初轧机	1200	950	2300×4	1500×2	0-40-80	~27	（120~250）×（800~1600）	200~400
	1225	965	4500×2	3000×1	0-40-80	~30	265×1925	540
	1300	1040	6700×2	3750×1	0-40-80	~40	360×2250	510
	1370	1040	6720×2	3700×1	0-40-80	~40	500×2300	600

2.1.1.2　初轧机的生产特点

初轧机开坯生产的主要特点有以下几点：

（1）初轧机的原料是具有典型铸造组织的钢锭，其内部晶粒粗大且有方向性，化学成分亦不均匀。初轧可以破碎铸造组织，使晶粒细化，成分趋于均匀，各项性能均得以改善和提高。

（2）轧制中钢锭断面高度与轧辊直径之比 H/D 较大，头几道的压下量 $\Delta h/H$ 小，因此变形不深透，必然形成表面变形。除表面延伸形成"鱼尾"外，轧件侧表面还产生双鼓形，轧件中心会承受拉应力，容易产生拉裂，或使原有缺陷扩大。为此在咬入时和电机能力允许的条件下，应尽可能增大压下量，并适当增加翻钢道次以保证产品质量。

（3）可逆轧制的特点。在一台轧机上的有限几个孔型内，要把大小，形状不同的钢锭迅速轧成多种规格的钢坯，就必须采用能快速逆转轧辊的可逆轧法，并采用共用性较大的平轧孔或箱形孔。初轧机采用的是每台电机通过万向接轴立接驱动一个轧辊的传动方式，还有的采用双转子电动机以减小传动系统的 GD^2，以缩短电机正反转的时间。

（4）压下量和轧制扭矩大。初轧是联结炼钢和轧钢的"咽喉"，因此提高初轧机的生产能力极为重要。为提高生产率，应尽可能的增大压下量，减少轧制道次。方坯和方-板坯初轧机道次压下量分别为 130～150mm 和 80～100mm。轧制压力可达 20000～40000kN。轧制扭矩达 $(63-89)\times10^4N\cdot m$。因此，必须采用粗大的辊径，大断面的牌坊大柱，大功率的主电机。目前，方坯和 H 型钢初轧机的轧辊径已分别达 1270mm 和 1500mm，板坯初轧机辊径达 1370mm。板坯初轧机主电机功率大至为 9000～14000kW。由于压下量大，咬入困难，常采用轧辊刻痕，钢锭小头进钢和低速咬入等方法。

（5）钢锭质量大，目前方坯初轧机的锭的质量已达 10～16.5t，板坯初轧机的锭的质量已达 30～70t。要求上辊升高量大，升降速度快，轧辊、辊道强度高，耐冲击性好。钢坯断面大，冷却慢，必须采用快速强制冷却法。

2.1.2　初轧生产工艺

2.1.2.1　钢锭的种类和缺陷

为获得高质量的钢坯就必须了解钢锭的种类和缺陷对轧材质量的影响。

 A　钢锭的分类方法

钢锭按钢水脱氧程度不同可分为镇静钢、沸腾钢和半镇静钢。镇静钢脱氧完全，浇铸时钢液平静；沸腾钢脱氧不完全，浇铸时钢锭模内有碳-氧反应发生，产生 CO 气泡使钢液沸腾；半镇静钢介于二者之间。镇静钢内部质量较好，故优质碳素钢、低合金高强度钢、合金钢多为镇静钢。沸腾钢锭表面质量较好，金属收得率高，故要求表面质量好的或普通用途的钢种多铸成沸腾钢锭。采用绝热板代替保温帽，用沸腾钢锭模可以浇铸上小下大的镇静钢锭。

钢锭按浇铸方法分为上铸和下铸两类。上铸乃由钢水罐逐个直接从上部往锭模内浇铸，钢锭内部质量较好。下铸由钢水罐经中注管、流钢砖、自下而上同时浇铸数个钢锭，处理钢水快，钢液在模内能较平稳上升，故外部质量易于保证。目前我国大部分钢种采用下铸。

钢锭按横断面形状可分多边形、圆形、方形和矩形等数种。多边形锭多用于锻压，圆形锭多用于生产车轮、轮箍。初轧多用方形、矩形锭和扁锭。有时为了增大钢锭表面积，改善铸造组织而用波浪边锭。

 钢锭内部组织结构取决于结晶热力学条件和钢液脱氧情况，它对成品轧材内部质量有直接影响。图 2-4 表示钢锭纵、横截面的结晶组织。可明显看出，无论哪种钢锭都由三部分组成：一是表层激冷晶区，其晶粒细小，晶间结合力强，钢质较净而成分偏析小；二是柱状晶区，其比较粗大且具有方向性，存在枝晶偏析，因而削弱了晶间结合力，轧制时易沿晶界产生开裂。柱状晶轧后转化为纤维状组织，使轧材纵、横性能不均；三是等轴晶区，亦较粗大，但无明显方向性，由于此部分金属最后凝固，其上部夹杂较多，硫、磷偏析亦较严重，故其质量较差。

　　B　钢锭常见缺陷及对轧材质量的影响

　　钢锭常见缺陷包括内部缺陷和外部缺陷，其中内部缺陷有以下几种（见图2-5）。

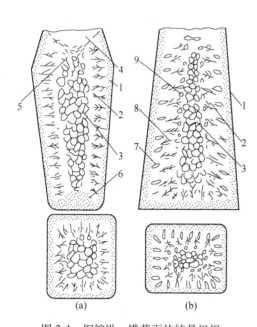

图2-4　钢锭纵、横截面的结晶组织

（a）镇静钢组织结构；（b）沸腾钢组织结构

1—坚壳带；2—柱状晶带；3—等轴晶区；4—缩孔；

5—疏松区；6—底部细晶锥体区；7—蜂窝气泡带；

8—中间坚固带；9—二次气泡带

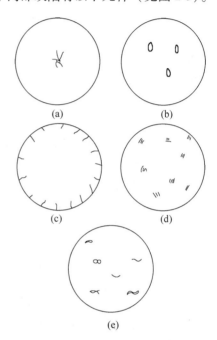

图2-5　钢锭内部缺陷

（a）缩孔；（b）白点；（c）气泡暴露；

（d）点状偏析；（e）夹杂

　　（1）钢质不良。由于炼钢操作不当，钢水过氧化，其中含有大量 FeO，铸成的钢锭晶间结合力极弱，轧制时钢锭碎裂；

　　（2）严重偏析。一般 Si、Mn 偏析较少，而 S、P 偏析较重。严重偏析导致钢材各部性能不均而报废；

　　（3）缩孔和疏松。缩孔由钢液凝固体积收缩而造成，位于镇静钢锭上部，呈漏斗状。缩孔以下部位因凝固时钢液不足形成疏松。轧后必须切除缩孔部分，否则造成轧材内部孔洞或夹层。对低倍组织要求严格的钢种，疏松部位亦应切除，否则引起该部机械性能下降；

　　（4）气泡。沸腾钢锭的蜂窝气泡如未暴露，轧后一般均能焊合，若浇铸时沸腾控制不好，坚壳带过薄，则加热时易因钢锭表面局部烧化而使其暴露，轧后该部钢材表面呈现密集小裂纹，角部拉裂；

（5）白点。冶炼中因矿石、熔剂等不够干燥，或浇铸时钢水罐等未能烘干，使钢中含有微量氢气。致使钢中产生"白点"缺陷；

（6）非金属夹杂。浇铸时如钢渣或被钢液冲刷带入钢内的耐火材料未能浮出钢液表面，均在钢中形成非金属夹杂，轧后有时可能成为夹层或夹砂造成废品。

外部缺陷有（见图 2-7）：

（1）表面裂纹。横裂纹是由于锭模内凹凸不平，或钢液流入保温帽或铸锭盘与锭模间的缝隙内，形成飞翅等原因，妨碍了钢锭表面冷却收缩，造成很大拉应力而引起横裂。下铸沸腾钢因铸温过低形成"上冒"，易引起横裂。横裂因所处位置不同，轧后形成不同形状的裂纹，如图 2-6 所示。纵裂多产生于靠近钢锭角部，由于铸温不当，造成铸速过快。此时坚壳带过薄，外壳经不起内部未凝固钢液的静压力而被胀破。深度不大的纵裂轧制时随轧件延伸而被拉细，甚至消失。深度大者则残留于钢坯表面；

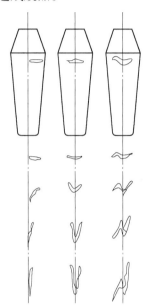

图 2-6 轧后横裂纹的变化

（2）结疤。上铸时由于铸速过快，钢液飞溅于模壁，或漏钢时钢液沿模壁流下，表面氧化后不能与后来的钢液凝为一体而造成结疤。严重者使钢坯报废，轻微者轧后必须清除；

（3）重皮。浇铸时由于铸温、铸速不当，钢液激荡溅于模壁上，或钢液表面氧化膜被翻卷入钢锭均易造成重皮。轧后重皮外观上类似结疤，也严重影响钢坯表面质量；

（4）其他。由于锭模整备不良，在钢锭表面还会产生水纹等。

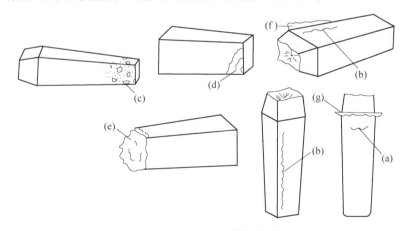

图 2-7 钢锭的各种外部缺陷
（a）横裂；（b）纵裂；（c）结疤；（d）重皮；
（e）上冒；（f）飞翅；（g）悬挂

2.1.2.2 初轧生产工艺

初轧是位于炼钢和成品轧制的中间环节，其生产工序主要分为钢锭的均热、初轧轧制、剪切及钢坯精整。初轧生产的一般工艺流程如图 2-8 所示。

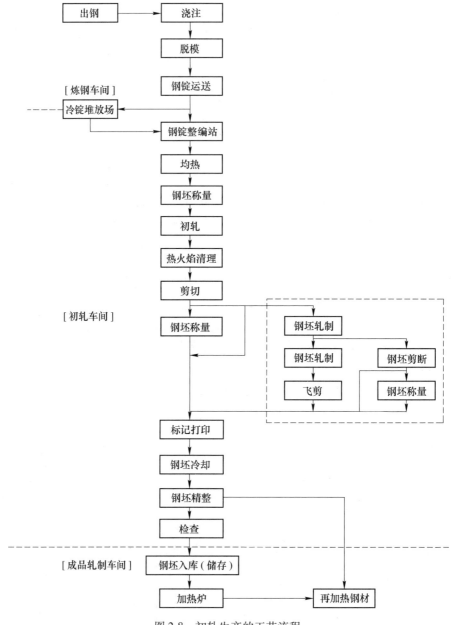

图 2-8　初轧生产的工艺流程

A　钢锭的加热

钢锭脱模后运往初轧均热跨，用钳式吊车装入均热炉内加热。小于 3t 的钢锭，可用连续式加热炉。均热炉由 2~4 个炉坑组成，每坑最多可装 250t。为提高生产能力，应提高钢锭平均入炉温度，每提高 50℃，均热炉生产能力可提高 7%。目前一般钢锭平均入炉温度为 700~800℃，先进的可 850℃ 以上。某初轧车间不同入炉温度对加热时间的影响见表 2-2。

表 2-2 某初轧车间钢锭加热时间

钢 种 / 锭 重/t / 锭温/℃	低碳沸腾钢 7.1	低碳镇静钢 7.1	中碳钢 7.1	高碳钢 7.1
冷锭	8-30	8-00	9-00	10-00
100	7-00	6-30	7-00	8-00
200	6-40	6-10	6-40	7-30
300	6-20	5-50	6-20	7-00
400	5-50	5-20	5-50	6-30
500	5-20	5-00	5-20	5-50
550	5-00	4-40	5-00	5-00
600	4-40	4-20	4-40	4-40
650	4-10	4-00	4-10	4-10
700	3-50	3-40	3-50	3-50
750	3-30	3-20	3-30	3-30
800	3-20	3-00	3-20	3-20
850	3-10	2-50	3-10	3-10
900	3-00	2-40	3-00	3-00

值得注意的是，目前正在研究和采用"液芯加热"法。按常规，钢锭脱模前的凝固率应达80%，装炉时达100%。而钢锭液芯加热法、脱模时凝固率仅为50%~60%，装炉时为60%~80%。在钢锭入炉后，其内部热量向外散发，同时外部少量供热，使钢锭内外温度趋于均匀，用较短时间即可达到出炉温度。这样提高了均热炉生产能力，节约了大量能源。

B 初轧轧制工序

初轧轧制工序的作用是用轧制的方法改善钢锭表面层气泡，枝晶组织及中心缩孔，使其压合，轧制成规定的形状和尺寸。初轧的工艺制度包括压下规程和速度制度。孔型是根据钢锭、坯料尺寸规格和压下规程设计的。压下规程包括轧制道次、翻钢程序、各道压下量和展宽量的分配等。速度制度包括各道咬入、抛出速度和轧辊最大转速的确定，间隙时间、纯轧时间及轧制周期等。压下规程，孔型设计，速度制度的有机配合，是保证高产、优质、低耗的关键。目前有两种观点，即低速大压下和高速小压下。前者强调以较大压下量较少道次轧出钢坯，以低速保证咬入条件和电机能力。后者强调以高速提高轧机产量，以较小压下量防止轧件打滑和电机过载。由于大压下对提高产量、质量有利，而高速的效果在轧件较短、可逆轧制的条件下很难充分发挥，故目前多用低速大压下的方法。应指出的是，过去为追求产量，往往不重视翻钢轧制对控制初轧坯质量的作用。总之，初轧轧制要制订合理的压下规程，确定轧制道次，翻钢次数及程序和宽展量，咬入、轧制压力和力矩是否允许。

初轧轧制过程通常分为3个阶段；（1）初期压下阶段，其目的是将均热后的钢锭表面层氧化铁皮剥落，并对表面层的铸造组织进行破碎；（2）中期轧制阶段，进行内部组织的破碎与成型，可采用较大的压下量；（3）精轧阶段，轧制出满足要求的断面形状和尺寸，压下则相应小一些。

提高初轧坯收得率是初轧生产中的重要课题之一，其途径为：（1）尽量减少镇静钢的缩孔深度，并进行准确剪切；（2）尽量减少由于初轧不均匀变形所形成的"鱼尾"缺陷；（3）尽量提高初轧坯尺寸精度，减少公差损失。采用绝热板代替保温帽可大大减少镇静钢切头损失，使钢锭头尾锥形化，可充分发挥轧件外端对不均匀变形的限制作用，抵消一部分"鱼尾"，使轧后轧件头尾平齐，从而可减少切损 2%~2.5%。图 2-9 所示为沸腾钢锭采用瓶口式钢锭模和凹底的铸锭底盘使钢锭头尾锥形化的情况。改变板坯立轧后平轧压下量的分配，可提高收得率 0.5%。这是由于板坯立轧时产生的双鼓形，在翻钢后平轧时不但产生"鱼尾"，而且还产生强迫展宽（见图 2-10）。翻钢后第一道平轧压下量的大小，对不均匀变形部分金属的纵、横方向流动分配比例将产生直接影响。因此，可用改变板坯立轧和翻钢后第一道压下量的方法，既起到控制板坯宽度的作用，又起到减少"鱼尾"的作用。

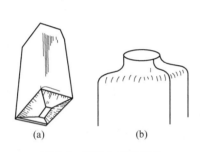

图 2-9　钢锭头尾锥形化
（a）底部锥形；（b）瓶口式钢锭头部

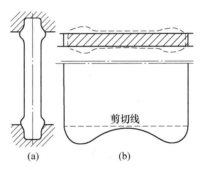

图 2-10　不均匀变形和"鱼尾"生成
（a）板坯立轧；（b）不均匀边浪生成"鱼尾"

目前国内外正在研究大头进钢的轧法。钢锭以小头进钢有利于咬入，但此时"鱼尾"较大，如以大头进钢，则"鱼尾"较小。这是由于在消除钢锭锥度道次中，如小头朝前，则金属不均匀变形向后逐渐增大，而促使"鱼尾"增大，而大头朝前时，金属不均匀变形向后逐渐消减，使"鱼尾"减少。但大头进钢只有在不影响咬入，又不增加道次的情况下才是切实可行的，此时应采取低速咬入。

据实测，初轧时轧件外端对其头尾变形影响很大，凸型外端限制板坯"鱼尾"的生成，凹型外端则限制板坯"舌形"的生成。故板坯先立轧后平轧和先平轧后立轧的效果不同，前者易生成"鱼尾"，而后者易形成"舌形"，因此应适当掌握立轧的时机，使板坯头尾基本达到平齐形状。

C　钢坯精整

为提高初轧坯的质量，目前普遍加强了初轧坯精整的研究，一般在初轧机和大剪之间设火焰清理机，可自动地对钢坯四面进行普遍清理或重点清理。初轧大剪多为电动式，最大剪切力 4000kN，开口度 650mm，并有快速换剪刃装置。有的车间还采用了步进剪，在钢坯连轧机后常设电动飞剪。

钢坯的冷却方式主要有水冷、空冷和缓冷，其冷却方式的选择是根据钢种而定的。钢坯冷却缺陷主要有裂纹、弯曲、瓢曲等，按裂纹形成原因，可分成在冷却过程中产生的应力裂纹、相变裂纹、时效裂纹和白点裂纹等。方坯、管坯冷床，多采用步进齿条式，钢坯在冷却过程中绕自身纵轴边前进边转动，不但冷却均匀，且可自行矫直。对要求严格的无缝管坯、车轴坯等，设有专用加工线以进行矫直、喷丸、自动磁力探伤和修磨处理。

由于初轧板坯断面大、冷却慢，占用厂房面积大，故目前采用连续快速冷却法。其中水槽式冷却法利用汽-水沸腾、传导散热，能力可达 800~1100t/h，比空冷方法提高 6 倍（单块）~33 倍（堆垛）。而用下喷水的链式冷床，当板坯厚为 300mm 时，从 1000℃ 冷却至 100℃ 只需 50min。

D　钢坯质量检查

钢坯的质量对钢材的质量有很大影响，因此钢坯的质量管理是提高钢材质量的重要保证。如能将关于钢坯表面和内部质量情况及时反馈至前道工序，则能立即采用改善质量的措施，提高钢坯的质量。

2.1.3　初轧车间的布置形式

初轧车间均热跨和轧钢跨的布置形式对及时供锭影响很大，直接关系到初轧机生产能力的发挥。其布置形式有以下几种：

（1）直线式布置（见图 2-11）。采用一台运锭车运锭，由于均热炉组数很多，运锭距离拉得很长，虽然运锭速度可达 5~7m/s，但仍不能满足初轧机需要，故有的车间采用环形供锭方式（见图 2-12）解决了上述问题。

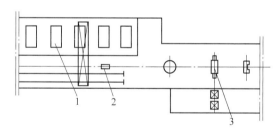

图 2-11　直线式布置

1—均热炉；2—运锭车；3—初轧机

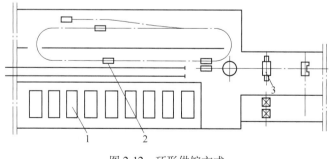

图 2-12　环形供锭方式

1—均热炉；2—运锭车；3—初轧机

（2）并列直线布置，如图 2-13 所示。均热炉布置在平行的两纵跨中，用两台运锭车供锭，缩短了运锭距离。

（3）丁字形布置，如图 2-14 所示。均热跨与轧钢跨垂直由一台（或两台）运锭车从两头向中间供锭，运锭车为翻斗式或辊道式。新建初轧厂多采用这种布置形式。

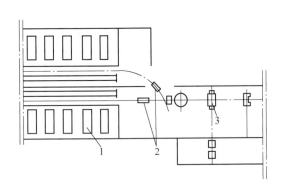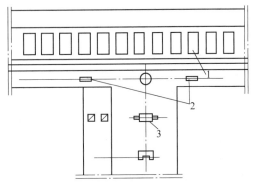

图 2-13　并列直线布置 　　　　　　　　　　图 2-14　丁字形布置

1—均热炉；2—运锭车；3—初轧机 　　　　　　1—均热炉；2—运锭车；3—初轧机

初轧的发展趋势是大型化、专业化和自动化。近年来初轧机采用电子计算机自动控制有了很大发展。基本上有储存程序控制（SPC）、可变储存程序控制（新 SPC）和自动程序控制（APC）三种。图 2-15 为某现代化双机架方-板坯初轧车间。该车间设计产量 350 万吨，轧机为两台 1300 初轧机，其后有六架单独传动的 V-H（立辊与水平辊交替布置）钢坯连轧机，全车间采用三台大型电子计算机自动控制，采用 6.4~28t 的钢锭，可生产方坯、无缝管坯和板坯。

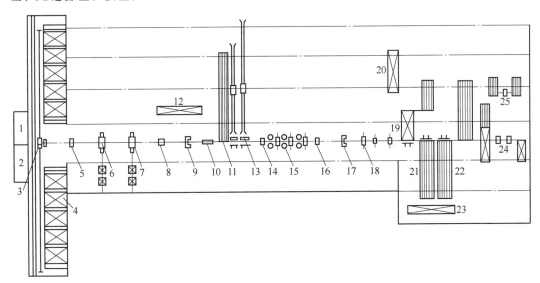

图 2-15　某现代化双机架方-板坯初轧车间平面布置

1—计算机房；2—控制室；3—运锭车；4—均热炉；5—钢锭秤；6—1350 初轧机 1 号；7—1350 初轧机 2 号；

8—热火焰清理机；9—2000t 板坯剪；10—钢坯秤；11—板坯水冷冷床；12—板坯冷火焰清理；13—垛板台；

14—45°翻钢机；15—VH 钢坯连轧机；16—飞剪；17—900t 剪；18—热锯；19—大方坯水冷冷床；

20—大方坯冷态清理；21—小方坯、圆坯冷床；22—小方坯水冷冷床；

23—清理捆扎；24—管坯抛丸、探伤、清理线；25—管坯剥皮处理线为提高初轧机生产能力，普遍采取以下措施：

（1）增大初轧机及其辅助设备能力，增大压下量、减少道次；

（2）选择合理的锭重和锭型。应指出：对某特定轧机，并非锭重越大产量就越高，而是有一合适的锭重范围。只有在不增加（或少增加）道次时，增加锭重才能提高产量；

（3）采用双锭或多锭轧制。双锭轧制可提高初轧机产量40%～60%，采用三锭轧制，可在此基础上再提高产量10%左右；

（4）增大初轧坯断面。这在初轧机后跟有钢坯连轧机的情况下可以采串列布置，使其年产量达到550万～630万吨；

（5）万能初轧机采用全平轧法，可节省一次翻钢和两道立轧，使产量显著提高。但此时必须有强大的立辊和高压水除鳞设备；

（6）采用先进的速度制度和操作方法，并采用电子计算机自动控制，以缩短轧制周期。

2.2 型 钢 生 产

经过塑性加工成型，具有一定断面形状和尺寸的实心金属材为型材。型材品种规格繁多，广泛用于国防、机械制造、铁路、桥梁、矿山、船舶制造、建筑、农业及民用等各个部门。在金属材生产中，型材占有非常重要的地位。中国型材工业化轧制经过近百年发展，已经有一些企业拥有了代表国际先进水平的设备和工艺，产品质量也达到了国际先进水平，型材产量和品种逐年增加。

2.2.1 型钢生产特点及用途

2.2.1.1 型钢生产特点

大、中型型材和复杂断面型材的品种、规格繁多，并广泛应用于国民经济的各个领域，它们的生产具有如下特点：

（1）品种规格多。目前已达万种以上，其导致轧辊储备最大，换辊较频繁，管理工作比较复杂。如何调配生产计划，实现快速换辊、加强孔型和设备的共用件，如何使后部工艺流程合理，使各种产品精整线互不干扰，实现机械化操作，以代替繁重的体力劳动，这些都是发展型钢生产必须重视的问题。

（2）断面形状复杂、差异大。除方、圆、扁断面的产品外，大多都是异型断面产品，这就给金属在孔型内的变形带来如下影响：

1）在轧制过程小存在严重的不均匀变形；孔型各部存在明显的辊径差；非对称断面在孔型内受力、变形不均；断面各分肢部分接触轧辊和变形的非同时性；某些产品在轧制过程中存在热弯变形等，使孔型内金属变形规律复杂化。

2）由于断面复杂，轧后冷却收缩不均，造成轧件内部残余应力和成品形状、尺寸的变化。如何防止冷却不均造成的弯曲和扭曲，如何防止切断过程中轧件端部的走形、控制矫直质量及矫正侧向弯曲，如何实现成品机械化包装等都是应注意解决的问题。

3）由于断面复杂，在连轧时，不能像带钢和线材那样产生较大的活套，亦不能用较大的张力进行轧制，否则断面形状和尺寸将难以保证。由于断面各部尺寸不一，较难以在轧制过程中连续测量和连续探伤，故不易实现连轧。

（3）轧机结构和轧机布置形式多。采取哪种轧机和生产方式、布置方式，需视生产品种、规模及产品技术条件而定。一般应将轧机分为大批量、专业化轧机和小批量、多品种轧机两类，以便发挥各类轧机之所长。专业化轧机可包括 H 型钢轧机、重轨轧机、线材轧机以及特殊型钢轧机等。这几种轧机由于产品专业化，批量大，其配套需用专用设备。其优点为：轧机作业率和设备利用率高，技术容易熟练，易于实现机械化、自动化，对提高产品产量、质量、劳动生产率降低成本均有好处。专业化轧机一般可采用连续式或半连续式轧机。

2.2.1.2　分类及用途

常用的分类方法有以下 5 种：

（1）按生产方法分类：热轧型材、冷弯型材、冷轧型材、冷拔型材、挤压型材、锻压型材、热弯型材、焊接型材和特殊轧制型材等。主要生产方法是热轧，具有生产规模大、生产效率高、能量消耗少和生产成本低等优点。

（2）按断面形状分类：复杂断面型材和简单断面型材。

（3）按使用部门分类：铁路使用型材、汽车用型材、造船用型材、结构和建筑用型材、矿山用型材、机械制造用异型材。

（4）按断面尺寸大小分类：大、中和小型型材。

（5）按使用范围分类：通用型才、专用型材和精密型材。型材的断面形状、尺寸范围及用途见表 2-3。

表 2-3　型材的断面形状、尺寸范围及用途

品　种	尺寸范围	用　途
H 型钢	高度×宽度：宽边 500mm×500mm，中边 900mm×300mm，窄边 600mm×200mm	土木建筑、矿山支护、桥梁、车辆、机械工程
钢板桩	有效宽度：U 形 500mm，Z 形 400mm，直线形 500mm	港口、堤坝、工程围堰
钢轨	单重：重轨 30~78kg/m，轻轨 5~30kg/m，起重机轨 120kg/m	铁路、起重机
工字钢	高度×宽度：（100mm×68mm）~（630mm×180mm）	土木建筑、矿山支护、桥梁、车辆、机械工程
槽钢	高度×宽度：（50mm×37mm）~（400mm×104mm）	土木建筑、矿山支护、桥梁、车辆、机械工程
角钢	高度×宽度：等边（20mm×20mm）~（200mm×200mm），不等边（25mm×16mm）~（200mm×125mm）	土木建筑、铁塔、桥梁、车辆、船舰
矿用钢	工字钢、槽帮钢	支护、矿山运输
T 型钢	高度×宽度：（150mm×40mm）~（300mm×150mm）	土木建筑、铁塔、桥梁、车辆、船舰
球扁钢	宽度×厚度：（180mm×9mm）~（250mm×12mm）	船舰
钢轨附件	单重：6~60kg/m	钢轨垫板、接头夹板
异型材		车辆、机械工程、窗框等

2.2.1.3 市场对型钢的要求

市场对型钢的要求各种各样，总的趋势是要求越来越严格，因此要求型材生产技术必须不断且迅速发展与进步，具体要求如下：

（1）建筑用型材要求：提高强度，如常用建筑螺纹钢筋要求强度为 400~500MPa，而最新的要求是 100~600MPa；增加功能，如具有耐火性能、具有耐腐性能、轻型薄壁、只有较高尺寸精度、方便使用等。

（2）钢板桩要求耐腐蚀。

（3）铁路用材要适应高速重载和耐磨的要求。

（4）造船用材要求具有良好的焊接性能和耐腐蚀性能。

（5）各个部门都要求使用高效钢材。

2.2.2 型钢生产方式及轧制工艺

2.2.2.1 型钢生产方式

热轧型钢具有生产规模大、效率高、能耗少和成本低等特点；故热轧型钢生产是主要的方式。型钢的轧制方法有以下数种：

（1）普通轧法。就是在一般二辊或三辊轧机上进行轧制，孔型由两个或三个轧辊的轧槽所组成，可生产一般简单、异型和周期断面型材。当轧制异型断面产品时，不可避免地要用闭口槽，此时轧槽各部存在明显的辊径差（见图 2-16），因此无法轧制凸缘内外侧平行的经济断面型钢；而且轧辊直径还限制着所轧型钢的凸缘高度，辊身限制着可轧的轧件宽度。

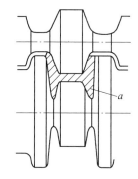

图 2-16 闭口槽和辊径差
a—闭口槽

（2）多辊轧法。孔型由三个以上轧辊轧槽组成，减小了闭口槽的不利影响，可轧出凸缘内外侧平行的经济断面型材，轧制精度高，轧辊磨损、能耗、轧件残余应力均减少，如 H 型钢。图 2-17 为采用此方法轧制角、槽、T 字钢示意图。

（3）热弯轧法。此法是将坯料轧成扁带或接近成品断面的形状，然后在后继孔型中趁热弯曲成型，可轧制一般方法得不到的弯折断面型钢，如图 2-18 所示。

（4）热轧-纵剖轧法。此法是将较难轧的非对称断面产品先设计成对称断面，或将小断面产品设计成并联形式的大断面产品，以提高轧机生产能力，然后在轧机上或冷却后用圆盘剪进行纵剖，如图 2-19 所示。

（5）热轧-冷拔（轧）法。此法是先热轧成型，并留有加工余量，后经酸洗、碱洗、水洗、涂润滑剂、冷拔（轧）成材，可生产高精度型材，产品机械性能和表面质量均高于一般热轧型材。

（6）热冷弯成型法。此法是以热轧或冷轧板带为原料，使其通过带有一定槽形而又回转的轧辊，使板带钢承受横向弯曲变形而获得所需断面形状的型材。

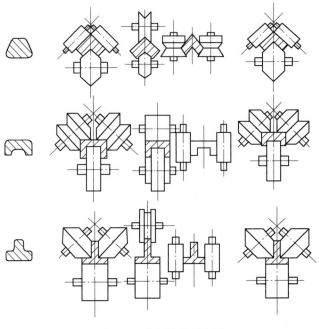

图 2-17　多辊轧法示意图

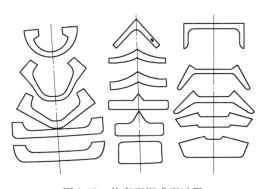

图 2-18　热弯型钢成型过程

2.2.2.2　型钢轧制工艺

热轧型材一般生产工艺流程：坯料准备→坯料加热→轧制→锯切或剪断→冷却→矫直→表面清理→打捆→称重→包装→入库。

（1）开坯。由于型钢对材质要求一般并不特殊，在目前技术水平下几乎可以全部使用连铸坯。连铸坯断面形状可以是方形或矩形，连铸技术水平高的使用异型坯。用连铸坯轧制普通型钢绝大多数可不必检查和清理，可实现大、中型型钢最容易实现连铸坯热装热送，甚至直接轧制。

（2）加热。现代化型材生产加热一般用步进式加热炉，保证原料加热均匀且避免水印对产品的不利影响。加热温度一般在 1050~1220℃ 之间。

（3）轧制。型材轧制分为粗轧、中轧和精轧，粗轧将坯料轧成适当雏形中间坯，由于粗轧阶段轧件温度较高，应该将不均匀变形尽可能放在粗轧阶段；中轧的任务是使轧件迅速延伸至接近成品尺寸；精轧是为了保证产品尺寸精度，延伸量较小。

现代化型材生产对轧制过程的要求：

1）由于粗轧一般在两辊孔型中进行，如果坯料全部使用连铸坯，炼钢和连铸生产希望连铸坯尺寸规格越少越好。但型钢成品尺寸规格越多企业开拓市场能力越强，所以要求粗轧具有将一种坯料开成多种坯料的能力。粗轧既可以对异型坯进行扩腰扩边轧制，也可以进行缩腰缩边轧制，典型例子是用板坯轧制 H 型钢。

2）对异型材，在中轧和精轧阶段尽可能使用万能孔型和多辊孔型，因其有利于轧制薄而高的边，并且容易单独调整轧件断面上各部分压下量，有效减少轧辊不均匀磨损，提高尺寸精度。

3）到 20 世纪末，两辊孔型中进行异型材连轧在理论和实践上都尚未完全解决，但以轧制 H 型钢为主的万能轧机实现型钢连轧在设备和技术上都是成熟的。

4）对于绝大多数型材，在使用上一般都要求低温韧性好和具有良好的可焊接性，在材质上要求碳当量低。对这些钢材，实行低温加热和低温轧制可以细化晶粒，提高轧材机械性能。

（4）精整。型材轧后精整有两种工艺：一种是传统热锯切定尺和定尺矫直工艺；另一种是较新式的长尺冷却、长尺矫直和冷锯切工艺，其工艺如图 2-20 所示。

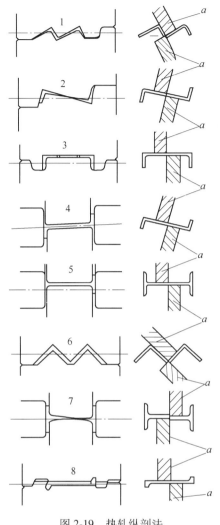

图 2-19 热轧纵剖法
a—圆盘剪

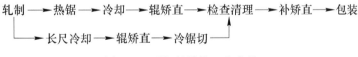

图 2-20 型钢的精整工艺流程

热锯用于锯切轻轨、工字钢、八角钢、六角钢、中空钢、管坯及大于 $\phi50\mathrm{mm}$ 的圆钢、7.5 号以上的角钢等。锯切温度以不低于 800℃ 为宜，若产品规格较大且材质较硬，则应大于 900℃，以减轻锯齿磨损。

冷却根据钢种、断面形状和尺寸及对产品组织性能的不同要求，有空冷、堆冷和缓冷等方法。空冷用于对冷却速度有特殊要求的钢材，如碳素钢、纯铁等。要求钢材在冷床上散开自然冷却，目的是防止钢材下冷床后进行落垛、挂吊过程中产生严重弯曲，且有利于劳动条件改善；合金结构钢、碳素工具钢的型材用堆冷方法，堆冷时力求两端整齐，且不能受风吹水湿，拆堆时堆芯温度不应大于 200℃；缓冷主要为防止白点与裂纹，如碳素工具钢、合金工具钢、高速钢钢材，其入坑温度≥650℃、出坑温度≤150℃为宜。

型钢精整较突出之处就是矫直，矫直难度大于板材和管材。其原因为：（1）冷却过程中由于断面不对称和温度不均匀造成的弯曲大；（2）型材断面系数大，需要矫直力大，因此矫直机辊距必须大，致使矫直盲区大，在有些条件下对钢材使用造成很大影响。例如：重轨矫直盲区明显降低了重轨全长平直度。减少矫直盲区，在设备上的措施是使用变节距矫直机，工艺上的措施是长尺矫直。

2.2.3　型钢轧机的布置形式

型钢轧机一般是用轧机名义直径来命名，即指轧机传动轧辊的人字齿轮节圆直径。例如，650 型钢轧机即指轧机轧辊名义直径为 ϕ650mm。一个轧钢车间，往往有若干列或若干架轧机，通常以最后一架精轧机的名义直径作为轧机的标称。型材轧机按其作用和轧辊名义直径不同分为轨梁轧机、大型、中型、小型型材轧机、线材轧机或棒、线材轧机等，各类轧机的轧辊名义直径尺寸范围见表 2-4。

表 2-4　型钢轧机的轧辊名义直径分类

轧机名称	轨梁轧机	大型轧机	中型轧机	小型轧机	线材轧机
名义直径/mm	750~900	650 以上	350~650	250~300	150~280

型钢轧机通常由一个或数个机列组成，每个机列都包括工作机构（工作辊），传动机构（传动装置）和驱动机构（主电机）3 个部分组成。当轧制过程中不要求调速时，主电机可采用交流电机，在轧制过程中要求调速时，主电机可采用直流或交流调速电机。传动装置是将主电机的动力传给轧辊的机构设备，其一般由电动机联轴节、飞轮、减速机、齿轮机座、主联轴节和联接轴等组成，如图 2-21 所示。工作机座由轧辊、轧轮轴承、轧辊调整装置、轧辊平衡装置、机架、导卫装量和轨座等组成。轧辊是工作机座中最重要的部件，用以直接完成金属的塑性变形。型材轧机的轧辊在辊身上刻有轧槽，上、下轧辊的轧槽组成孔型。坯料经过一系列孔型轧制而轧成型材，故孔型设计是型材生产技术工作中的核心。型材轧机一个机列中安装的机架数，要根据轧机的布置形式而定。综合性轧机是生产多品种规格的轧机，通常以三辊式轧机最为常见。

型钢轧机可分为二辊式、三辊式及万能式轧机，其布置形式可按轧机的排列和组合方式分为横列式、顺列式（跟踪式）、棋盘式、连续式及半连续式等，如图 2-22 所示。

（1）横列式分为：一列式、二列式、三列式等。其中，一列式和二列式最多，如图 2-23所示。

一列式大多数用一台交流电动机同时传动数架 2~3 辊水平轧机的方式，在一架轧机上进行多道次穿梭轧制。也可在一列式中有两台交流电动机带动 2~3 辊水平轧机的方式。最后为保证成品质量，成品机架用一台交流电动机带动。

优点：设备简单、造价低、建厂快，产品品种灵活。由于无张力影响，便于生产断面

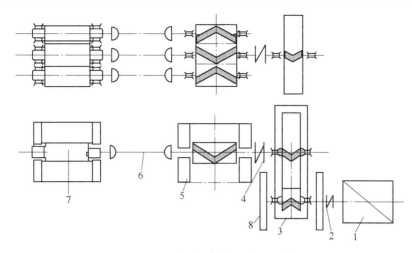

图 2-21　三辊式型材轧机主机列简图

1—主电机；2—电机联轴节；3—减速机；4—主联轴节；5—齿轮机座；

6—万向接轴；7—轧辊；8—飞轮

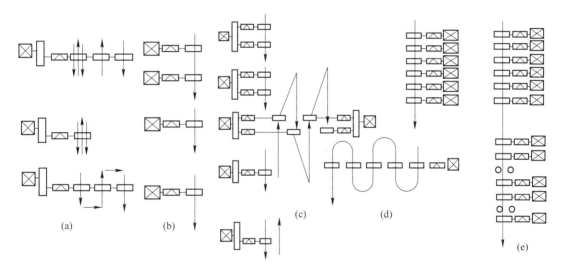

图 2-22　各种型钢轧机的布置形式

（a）横列式；（b）顺列式；（c）棋盘式；（d）半连续式；（e）连续式

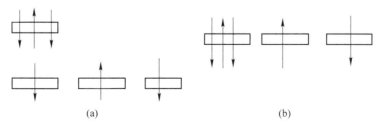

图 2-23　横列式型钢轧机的布置形式

（a）二列式；（b）一列式

较复杂的产品。其操作比较简单，适应性强。中小型轧机采用双层辊道，可实现上下轧制线交叉轧制，在电机和轧辊强度允许的条件下，同架或同列轧机可实现数道同时过钢或多根并列轧制，小型轧机还可采用围盘实现活套轧制。

缺点：

1）产品尺寸精度不高，品种规格受到限制。由于横列布置，换辊一般由机架上部进行，故多采用开口式或半闭式机架。由于每架排孔数目较多，辊身较长，L/D 值可达 3 左右，故整个轧机刚性不高，不但影响产品精度，而且难以轧制宽度很宽的产品。

2）时间间隙长，轧件温降大，轧件长度和壁厚均受限制。

3）不便于实现自动化。第一架受咬入条件限制，希望轧制速度低一些；末架轧机为保证终轧温度及轧件首尾温差，又希望速度高一些；而各架轧机辊径差又受接轴倾角限制不能过大，这种矛盾只有在速度分级之后才能解决，从而促使横列式轧机向二列式、多列式发展。产品规格越小，轧机列数就越多。

（2）顺列式轧机多为水平-立式或多辊式轧机，如图 2-22（b）所示，各架轧机顺序布置在 1~3 个平行纵列中，轧机单独传动，每架只轧一道，但不形成连轧。优点：每架速度单独调整，使轧机能力得以充分发挥。先进的大型型钢轧机采用这种布置，年产量可达 160 万吨以上；由于每架只轧一道，轧辊 L/D 值在 1.5~2.5 的范围之内，且机架多采用闭口式，故轧机刚度大，产品尺寸精度高；由于各架轧机互不干扰，故机械化、自动化程度较高，调整亦比较方便。缺点：1）轧机温度仍然较大，不适于轧小型或更薄的产品；2）机架数目多，投资大，建厂较慢。

（3）棋盘式，如图 2-22（c）所示，它介于横列式和顺列式之间，前几架轧件较短时顺列式，后机架精轧机布置成两列横列，各架轧机相互错开，两列轧辊转向相反，各架轧机可单独传动或两架成组传动，轧件在机架间靠斜辊道横移。这种轧机布置紧凑，适于中小型型钢生产。

（4）半连续式，如图 2-22（d）所示，它介于连轧和其他形式轧机之间。常用于轧制合金钢或旧有设备改造。其中一种粗轧为连续式，精轧为横列式；另一种粗轧为横列式或其他形式，精轧为连续式。大型型钢半连续式布置的轧机多见于万能连轧机，其布置如图 2-24 所示。在万能连轧机组前有一台或两台二辊可逆开坯机（简称 BD 机），万能连轧机由 5~9 架万能轧机（U）和 2~3 架轧边端机（E）组成，万能轧机数目较多时，则分成两组。从设备条件上看，万能连轧机由于是连续布置，应该最适合于生产轻型薄壁的 H型钢。

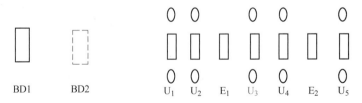

图 2-24　半连续式万能型钢轧机的典型布置形式

（5）连续式，如图 2-22（e）所示，轧机纵向紧密排列成为连轧机组。可用单独传动或集体传动，每架只轧一道次。一根轧件可在数架轧机内同时轧制，各机架间的轧件遵循秒流量相等原则。其优点是：轧制速度快、产量高；轧机紧密排列，间隙时间短轧件温降小，对轧制小规格和轻型薄壁产品有利；由于轧件长度不受机架间距限制，故在保证轧件首尾温差不超过允许值的前提下，可尽量增大坯料质量，使轧机产量和金属收得率均可提高。其缺点是：机械和电器设备比较复杂，投资大，并且所生产的品种受限制。连续式轧机一般采用微张力轧制，要求自动化程度和调整精度高，机械、电气设备较为复杂，投资较大，且品种比较单一。目前有的厂已成功地实现了 H 型钢连轧或小型钢材的连轧，中型和小型型钢连轧机的年产量可分别达 150 万吨和 120 万吨。合金钢轧制也开始采用连轧，无疑型钢连轧将是今后型钢生产发展的方向之一。

各种布置形式都有明确的优、缺点。为了兼顾，在各种不同的条件下，可采用棋盘式、半连续式布置等形式。

2.2.4 典型型钢产品生产工艺

2.2.4.1 H 型钢生产

A H 型钢种类、特点及应用

H 型钢是断面形状类似于英文字母 H 的经济断面型材，也被称为万能钢梁、宽边（缘）工字钢或平行边（翼缘）工字钢。国际上一般使用四个尺寸表示 H 型钢规格，即腰高 h、腰厚 d、边（腿）宽 b 和边厚（腿）t。

H 型钢分类：（1）根据使用要求和断面设计特性通常可分为梁型和柱型（或桩型）建筑构件用 H 型钢；（2）按产品边宽可分为宽边、中边和窄边 H 型钢。宽边 H 型钢边宽大于或等于腰高，中边 H 型钢边宽大于或等于腰高的 1/2，窄边 H 型钢的边宽等于或小于腰高的 1/2；（3）按尺寸规格可分为大、中、小号 H 型钢。通常将腰高在 700mm 以上称为大号 H 型钢，腰高在 300~700mm 称为中号 H 型钢，腰高小于 300mm 称为小号 H 型钢；（4）按生产方式可分为焊接 H 型钢和轧制 H 型钢，多以轧制为主。

H 型钢与普通工字钢断面形状区别如图 2-25 所示，其特点是：（1）具有平行的腿部，即边部内侧和外侧平行或接近于平行，边的端部呈直角。比普通工字钢可节约金属 10%~15%；（2）力学性能好，与工字钢相同单重时截面模数大，抗弯能力大；（3）造型美观、加工方便、节约工时。H 型钢的断面通常分成腰部和边（腿）部两部分，有时也称腹板和翼缘。

B H 型钢轧机及其布置

万能轧机是生产 H 型钢的主体设备，每套机架数可为一架、两架、三架或多架。其布置形式可分为非连续式、半连续式和连续式。

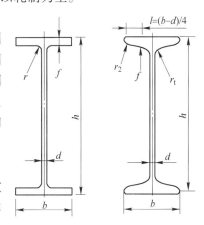

图 2-25 H 型钢与普通工字钢的区别

非连续式布置可以是：（1）一架万能轧机和一架轧边机，因为轧机数量少，轧辊磨损较快，产品尺寸精度差；（2）两架万能轧机和一架轧边机，第一架万能轧机与轧边机组成中轧机组进行往复轧制若干道次后，再用第二架万能轧机精轧一道轧成成品。采用这种布置形式的轧机较多；（3）三架万能轧机和两架轧边机，产量比前者高一倍，通过调整辊缝可在同一套轧辊上生产不同腿厚、腰厚的非标准 H 型钢。这种布置形式轧机也较多。

半连续布置在万能连轧机组前有一台或两台二辊可逆式开坯机，连轧机由 5~9 架万能轧机和 2~3 架轧边端机组成，万能轧机数目较多时分成两组。

全连续式布置由 8~12 架连续布置的万能轧机和轧边机组成，适合于生产轻型结构和小尺寸 H 型钢及其他型材。

C　H 型钢轧制方法

常用 H 型钢的轧制方法见图 2-26。现代 H 型钢生产多在万能轧机中轧制，如图 2-27 所示，H 型钢腰部在上下水平辊之间进行轧制，边部则在水平辊侧面和立辊之间同时轧制成型。由于仅有万能孔型尚不能对边端施加压下，需要在万能机架后设置轧边端机，俗称轧边机，以便加工边端并控制边宽。实际生产中可以将万能轧机和轧边机组成一组可逆连轧机，使轧件往返轧制若干次，或者是几架万能轧机和 1~2 架轧边机组成一组连轧机组，每道次施加相应的压下量，将坯料轧成所需规格形状和尺寸产品。采用万能孔型轧机，在轧件边部，由于水平辊侧面与轧件之间有滑动，故轧辊磨损比较大。为了保证轧辊重车后能恢复到原来的形状，除成品孔型外，上下水平辊侧面及其相对应的立辊表面都有 3°~10°倾角。成品万能孔型，又称为万能精轧孔，水平辊侧面与水平辊轴线垂直或有很小倾角，一般在 0°~0.3°，立辊呈圆柱状。

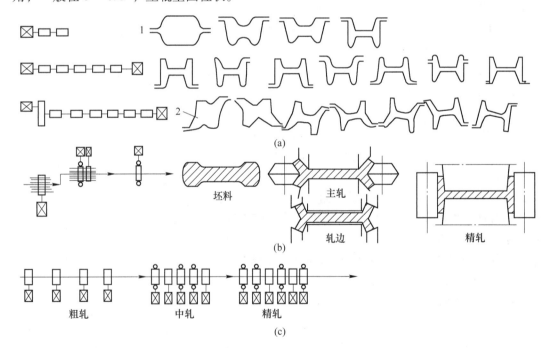

图 2-26　H 型钢的轧制方式

（a）常规轧法；（b）多辊轧法；（c）连轧法

1—直轧法；2—斜轧法

万能轧机轧制 H 型钢，轧件断面可得到较均匀延伸，边部外侧轧辊表面速度差较小，可减轻产品内应力及外形上的缺陷。适当改变万能孔型中水平辊和立辊压下量，便能获得

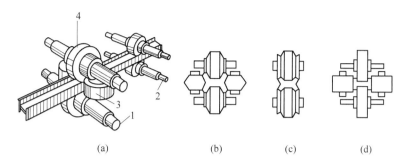

图 2-27　万能轧机轧制 H 型钢
（a）万能一轧边端可逆连轧；（b）万能粗轧机；
（c）轧边端孔；（d）万能成品孔
1—水平辊；2—轧边端辊；3—立辊；4—水平辊

不同规格的 H 型钢。万能孔型轧辊几何形状简单，不均匀磨损小，寿命远高于两辊孔型，轧辊消耗大为减少。万能孔型轧制 H 型钢，可以方便地根据用户要求的产品尺寸量材使用，即同一万能孔型轧出的同一尺寸系列，除了腰厚和边厚变化外，其余尺寸均可固定，使产品规格数量大大增加，为用户选择最节材尺寸规格提供了方便。

　　D　H 型钢轧制工艺特点

　　目前各主要 H 型钢厂工艺流程：连铸坯或钢锭→加热→（初轧机轧制钢坯→剪切）→开坯机轧制→锯切头尾→万能粗轧机轧制或型钢轧机轧制→精轧机轧制→冷却→辊矫→检查、分选（处理缺陷、切断、压力矫直）→检查、打印、堆垛→打捆→成品，如图 2-28所示。

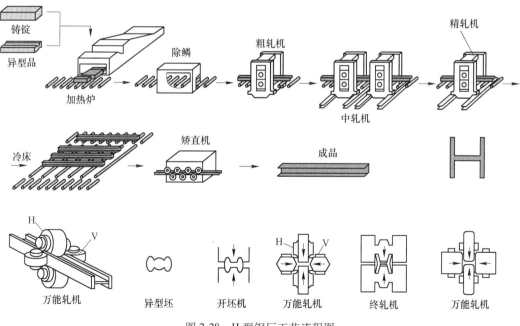

图 2-28　H 型钢厂工艺流程图

　　（1）坯料准备。连铸坯一般用异型和板坯，初轧坯一般使用 400mm×200mm 以上的异型坯；（2）加热。由于 H 型钢腰薄边厚，终轧后腰部和边部温度几乎相差 150℃，故要求坯料加热温度差尽量小，一般不超过 30℃；（3）轧制。为保证腰、腿变形均匀，在设备安装上必须保证水平辊与立辊轴线在同一垂直平面内，且压下动作同步；（4）精整。由于轧后 H 型钢边腿温度比腰部温度高，冷却过程中易造成残余应力和腰部波浪，实际生产中一般采用在成品轧机出口两侧向轧件腿部喷水，同时采用链式冷床立冷，立冷比平冷腿部散热条件好，利于轧件各部分温度均匀。一般采用 8 辊或 9 辊矫直机矫直，立矫辊间距 2200mm，同时还需要卧矫进行补充矫直。

　　E　H 型钢轧制车间简介

　　连轧 H 型钢车间，如图 2-29 所示。某连轧 H 型钢车间的主要设备性能见表 2-5。它采

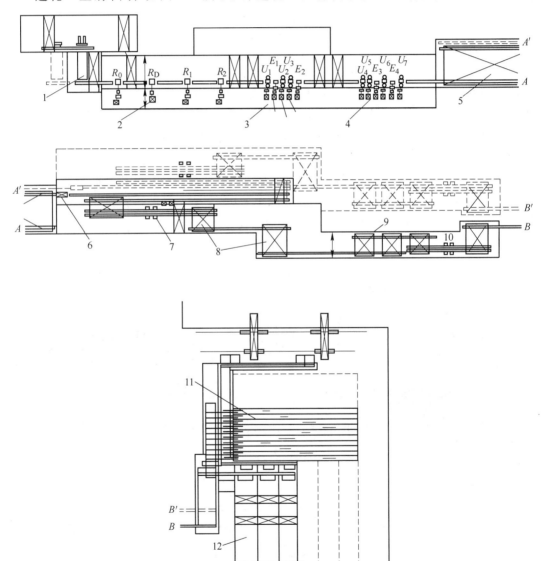

图 2-29　连轧 H 型钢车间布置

1—步进加热炉；2—粗轧机组；3—中轧机组；4—精轧机组；5—长尺冷床；6—辊式矫直机；
7—冷锯；8—检查台；9—分类台；10—打捆机；11—自动立体仓库；12—普通仓库

用 532mm×399mm、长 10m、重 8.34t 的初轧异型坯，可生产（100mm×50mm）~（500mm×200mm）的连轧 H 型钢，而且可用控制轧制生产低温用 H 型钢和高强度 H 型钢。这个车间的生产特点为：15 架轧机实行全连轧，每架均由直流电机传动，采用最小张力控制，轧制速度可达 10m/s；成品轧件长 120m；取消了热锯，代之以长尺冷却、长尺矫直、冷锯锯切，使后部工序全部实现了连续化；矫直速度 450m/min，冷锯锯切速度 350mm/s；车间采用尺寸为 176m×134.5m×26m 的自动化立体仓库，使每捆产品卸货速度达 8 秒/捆，为了缩短换辊时间，采用快速换辊机构，15 架轧机换辊仅用 50min；由于采用全部计算机控制，轧机作业率达 95% 以上，年产量 140 万~150 万吨。

表 2-5 连轧 H 型钢车间主要设备性能表

数据\参数\机组	粗轧机组				中间机组					精轧机组					
	R_0	R_D	R_1	R_2	U_1	U_2	U_3	E_1	E_2	U_4	U_5	U_6	U_7	E_3	E_4
轧辊尺寸/mm	ϕ850 L1200	ϕ1150 L2500	ϕ850 L1200	ϕ850 L1200	平 ϕ1200 立 ϕ900	同左	同左	ϕ750 L700	同左	同 U_1	同 U_1	同 U_1	同 U_1	同 E_1	同 E_1
电机容量/kW	1500	14000	2300	1750	1500	同左	同左	500	同左	2500	同左	同左	1500	500	同左
允许负荷/t	700	1000	700	700	平 1000 立 400	同左	同左	150	同左	同 U_1	同 U_1	同 U_1	同 U_1	同 E_1	同 E_1
转速/r·min⁻¹	500	0~40 ~100	500	500	200~500	同左	同左	同左	同左	140	165	420	495	200	300
速比	19.1	直流	12.7	9.55	16.04	11.21	8.32	8.02	4.253	4.49	3.69	3.03	3.19	2.613	2.028

注：R 为二辊；R_D 为可逆；U 为四辊轧机；E 为辅机。

2.2.4.2 钢轨生产

A 钢轨种类及用途

世界各国对钢轨技术条件有不同要求，但钢轨横截面形状都是一样的。普通钢轨重量范围为 5~78kg/m，起重机轨重可达 120kg/m。根据用途不同，现代钢轨分为三个部分：（1）通常将 30kg/m 以下的钢轨称为轻轨，常用规格有 9、12、15、22、24、30kg/m 六种。主要用于森林、矿山、盐厂等工矿内部的短途、轻载、低速专线铁路；（2）质量在 30kg/m 以上的钢轨称为重轨，常用规格有 38、43、50、60、75kg/m 五种。主要用于长途、重载、高速干线铁路；（3）吊车轨，规格主要有 70、80、100 和 120kg/m 四种；按钢轨力学性能通常将钢轨分为抗张强度不小于 800MPa 的普通轨、抗张强度不小于 900MPa 的高强轨和抗张强度不小于 1100MPa 的耐磨轨。

随着现代化铁路载重量不断增长，时速越来越高，对钢轨的强度、韧性和耐磨性等均提出了越来越高的要求。目前，世界各国普遍采用重型断面钢轨、无缝线路（焊接长轨）及提高重轨尺寸精度和平直度等方法，保证钢轨有较大的纵向抗弯截面模数，提高轨底宽度和轨腰高度，使钢轨单重达到 70kg/m 以上，以重轨代替轻轨。

B 钢轨生产工艺

钢轨工作条件十分复杂和恶劣，技术要求是硬而不脆，韧而不断，这就决定了钢轨生产工艺过程的复杂性。轨梁轧机是最大的型钢轧机，其轧辊名义直径在 750~950mm。重轨是轨梁车间生产工艺最复杂的产品，在车间总产量中所占比重最大，其工艺流程如图2-30所示。

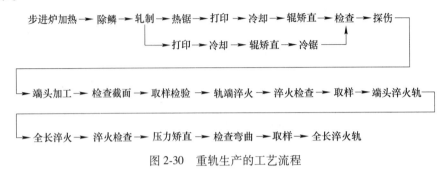

图 2-30　重轨生产的工艺流程

（1）坯料选择。坯料化学成分必须合乎要求，不允许存在内部或表面缺陷。坯料断面一般为矩形，且有较大高宽比，使轨底得到充分的剧烈变形，有利改变铸造组织和晶粒位向分布，提高钢轨质量。坯料长度应是轧后轧件长度定尺的整数倍，通常选用 4~6 个定尺（按 12.5m 计算）。

（2）加热。因钢轨含碳量较高（0.67%~0.80%），为防止过热、过烧和脱碳，加热温度应低于 1200℃。钢轨的终轧温度一般在 850~900℃之间，若终轧温度大于 950℃，成品内晶粒粗大，冲击韧性下降，若小于 850℃，钢轨内部易产生裂纹等缺陷，因此开轧温度在 1140~1180℃之间为宜。加热时间取决于钢坯尺寸及入炉温度和冷料的比例。

（3）轧制。轧制方法有常规轧法、多辊轧法和万能轧法，如图 2-31 所示。常规轧法是传统轧法，按孔型配置方式不同分为直轧法和斜轧法两种，一般在三辊水平轧机上采用箱形—帽形—轨形孔型系统轧制。在咬入条件和电机能力允许条件下，帽形孔给予较大的切入量，使轨底得到充分加工，原垂直于轨底的结晶组织被切分和轧平后加强了轨底强度。轨型孔采用斜配置方式时，与直配置相比减少了孔型切槽深度，增大了轧辊强度，有利于加大变形量，而且还减少了辊径差和轧辊重车量，对增大轨底侧压量、提高孔型使用寿命均有利。目前多采用斜轧法。

多辊轧法轧机由一对水平辊及一对立辊所组成，其轧辊轴线在同一垂直平面内，立辊可为主动或被动，但需保证辊面线速度与水平辊一致。在四辊轧机后，紧跟一架二辊水平轧机，作为辅助成型机架，主辅机架均为可逆式，在轧制中形成连轧。由于不存在闭口槽，且上下对称轧制，故产品尺寸精确，内部残余应力小，轨底加工好，轧辊磨损、电能消耗均减少，调整灵活，与常规轧法相比可提高产量 1.8 倍，作业率提高 10%，轧辊消耗降低 20%，因此，这种方法得到很快推广。

万能轧法是利用万能钢轨轧机轧制重轨，它也是上面介绍的一种多辊轧机，在改善经济效果和钢轨质量方面都是首屈一指的。从本世纪初出现到目前，世界上已有 50 余套万能式轧机，有些国家正在把一些横列式轨梁轧机改造成万能轧机。万能式轧机的优点是：

1）用四个轧辊所组成的复杂断面孔型，使断面上各部分可同时受到压缩，变形均匀，断面周围速度差小，轧件内应力小。

2）可用直径较小的轧辊轧出腿部较高、腰部较宽的工字钢，并可使其两腿内侧无斜

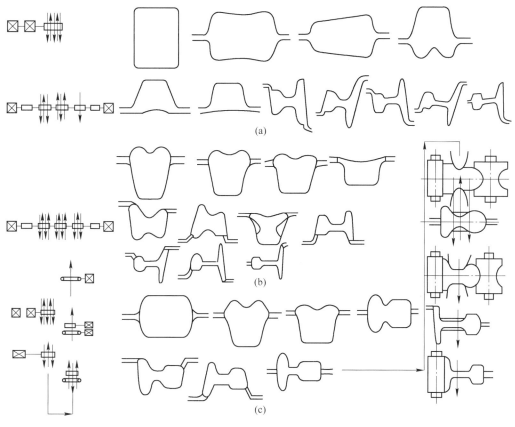

图 2-31 重轨的轧制方法

（a）斜轧法；（b）直轧法；（c）多辊轧法

度，这在普通轨梁轧机上难以做到。

3）腿部和腰部压缩量可单独进行调整，简化了轧制时轧机的调整。万能式钢轨轧机的组成一般由一架可逆开坯机，一架万能式精轧机和若干中间机组组成，每一中间机组又由一架万能式轧机和一架二辊辅助机座（轧边机）组成。万能式钢轨轧机（包括重轨轧机）有二列式、三列式或四列式纵列布置，近年也出现了多列连续布置的形式。

（4）精整。

1）冷却。重轨轧后冷却分为自然冷却和缓冷两种。当炼钢厂采用无氢冶炼时，重轨轧后可直接在冷床上冷却。其他情况下，为去除钢轨中的氢及防止冷却过程氢析出造成白点缺陷，需将钢轨放在缓冷坑中冷却，或在保温炉中进行保温，以使氢从重轨中缓慢析出。采用自然冷却时，为使轧件冷却均匀，防止由于重轨头和底温度不均匀产生收缩弯曲影响矫直质量，重轨在冷床上采用成组紧靠卧放和移送方法，使相邻钢轨轨头和轨底接触，改善冷却条件。由于轨底底面任何轻微刮伤都会降低钢轨的疲劳强度和冲击韧性，所以在用磁力吊车将钢轨装入缓冷坑之前或送入矫直机之前的运送过程中，钢轨一般不允许直立。当冷却至200℃以下时，方可吊下冷床进行矫直。

采用缓冷工艺时，重轨在冷床上冷却至磁性转变点温度以下便由侧卧翻正，用磁力吊车成排吊往缓冷坑或在等温炉中保温。使用缓冷坑的优点是不需热源，设备简单，但是装坑时间长，各层温度不一致，操作不方便，生产效率不高。等温处理方法是将 400~550℃ 的钢轨装入链式等温处理炉，在 550~600℃ 下保温 2~3h。这种方法的优点是产量高，易于机械化操作，但是设备费用大，温度不易控制。目前，由于采用氧气顶吹转炉冶炼法或真空脱气法等低氢冶炼法冶炼重轨钢，可消除钢中氢气，避免白点生成，有的企业已取消了缓冷工序。

2）热处理。目前世界各主要钢轨生产国都在生产热处理钢轨。热处理有多种形式，国内使用较多的是轨端淬火和钢轨全长淬火，利用轧后余热淬火工艺在国外已得到广泛应用。

轨端淬火，由于火车车轮在通过两根重轨接头处会产生较大振动和冲击，要求轨端应有足够的强度、韧性和耐磨性，避免轨端过早报废而影响整根钢轨寿命，因此轨端需要淬火。轨端淬火有两种方法：一种是将重轨两端 80~100mm 长的一段利用轧后余热向轨端喷水淬火，然后自身回火；另一种是在钢轨冷却后，用高频感应加热方法将轨端快速加热至 880~930℃，然后喷水急冷，冷至 450~480℃ 后利用余热自身回火，所得组织为回火索氏体。这种方法简单易行，可以在生产上实现自动化。但由于只对重轨端局部淬火，钢轨还难以满足弯道、隧道等地段的特殊性能要求，又因干线铁路上的钢轨已由短轨焊接为长轨，轨端淬火已逐渐为钢轨全长淬火替代。

钢轨全长淬火，按淬火工艺的不同，全长淬火可分为轧后余热淬火和重新加热淬火两类。后者按其加热方式不同，又有电感应加热和火焰加热两种，淬火后利用自身余热回火。钢轨全长淬火要求重轨头部踏面下呈索氏体组织并呈帽形分布，有一定的淬透深度，各部冷却均匀，残余应力小，处理后重轨弯曲度小，便于矫直。经过钢轨全长淬火的重轨，其使用寿命比未经处理的重轨提高 2 倍以上；前者利用轧后余热在线淬火是近十几年发展起来的一项钢轨热处理新技术，其设备置于轧制线上，利用终轧后的温度对重轨进行淬火。该工艺与离线再加热淬火相比，具有淬火速度快，生产能力高，节约能源，减少生产工序和生产操作人员，设备质量小，成本低，便于管理等优点。但这种方法要求生产节奏稳定，并能根据来料温度波动自动调节淬火时间和用水量，以保证得到稳定组织和性能。表 2-6 为重轨经各种全长淬火后的力学性能。

表 2-6　重轨全长淬火后的力学性能

热处理法	σ_s/kg · mm^{-2}	σ_b/kg · mm^{-2}	ϕ/%
油内淬火	80	125	45
高频淬火	80	120	40
火焰淬火	78~83	118~120	42~46
电感应淬火	80	110~120	46~53

3）矫直。冷却后钢轨在 5~9 辊、辊距为 900~1400mm 的辊式矫直机上矫直。为防止轨内产生较大残余应力，只允许矫直一次。由于钢轨弯曲主要是在垂直方向，故大多采用立矫方法，残余弯曲用压力辊给予补矫。

4）轨端加工。轨端加工包括铣头、钻眼等工序，连同轨端高频淬火组成专用加工线。有的生产线采用高效能联合加工机床，用冷锯代替铣床，可同时进行锯头、钻孔和倒棱作业。

C 生产重轨的车间

如图 2-32 所示为某年产 78 万吨的现代化轨梁车间平面布置图。该车间由开坯、第一、第二粗轧机和精轧机组成。采用更换机架的办法,可用四辊轧机生产 H 型钢,用二辊轧机生产重轨和其他型钢。该车间的生产特点是:用 13t 重的转炉镇静钢扁锭,经初轧轧成 250mm×355mm 重轨坯。由于钢坯高向压缩比大,且为无氢冶炼,因此不但取消了重轨缓冷,而且钢轨的内部质量得到了改善。由于初轧坯经火焰清理机四面清理,在轨梁车间又安设了高压水除鳞设备,并采用热轧润滑油润滑轧槽,故成品表面质量高。由于精轧机采用高刚性机架、短辊身(1600mm)、并全部采用滚柱轴承,故轧机弹跳小,轧件尺寸精确。由于主电机全部采用直流电动机、单独传动,且实行自动配制,故劳动生产率高。由于轧机采用备用机架、整体更换方式,全部连接系统采取自动耦合方式,故换轧品种时间很短。当生产轨头全长淬火钢轨时,采用连续作业,入炉速度 6mm/s,淬火炉长 2930mm,炉温 1150℃,钢轨加热到 820℃后进行连续水淬,紧接着进入长 3400mm 的回火炉,回火温度 570℃。当钢轨通过上述两个炉子时,轨头以下部分用水管冷却。炉内保持还原性气氛以防止脱碳。热处理后钢轨的弯曲度仅为 200mm/25m,轨头踏面硬度达 HB380 以上。该车间采用可变节距矫直机,进出口均有主动立辊,可同时矫直钢轨的立弯和旁弯,其上设有压力传感器和冷金属探测器,测出重轨长度后控制配尺锯切。

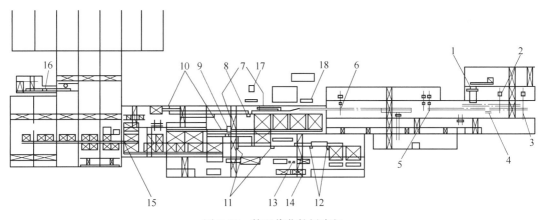

图 2-32 某现代化轨梁车间

1—加热炉;2—开坯机;3—1 号粗轧机;4,7—热锯;5—2 号粗轧机;6—精轧机;8—打印机;
9—辊式矫直机;10,11—压力矫直机;12—端面加工及钻孔机;13—轨头全长淬火加工线;
14—轨端淬火加工线;15—冷锯;16—喷丸机;17—落锤试验机;18—检验室

2.2.5 型钢生产新技术

2.2.5.1 连铸异型坯及连铸坯直接热装轧制(CC-DHCR)

过去由于技术水平的限制,连铸只能生产断面形状简单的坯料。生产大型工字钢、槽钢、钢板桩和 H 型钢等产品所需的异型坯只能通过轧制的方法得到。近年来,近终形连铸技术有了迅速发展,连铸异型坯已经可以满足大生产的要求。使用连铸异型坯可以大大缓解到期轧制小开坯机的压力,明显减少开坯机的异型孔型数量,减少轧制道次,开坯道次减少,可以降低坯料的加热温度;减少轧辊消耗;缩短轧制周期;减少切头、尾量,有明显的经济效益。

2.2.5.2 在线控轧控冷和余热淬火

在线控制轧制、控制冷却和余热淬火的目的是在不明显增加生产成本的前提下提高钢材的使用性能，减少氧化，防止和减轻型钢的翘曲和变形，降低残余应力。在大型钢材生产的领域内，有代表性的两个例子是重轨的余热淬火和H型钢的控制冷却。

（1）重轨轧后余热淬火。轧后余热淬火是在轧制线上，利用终轧后的温度进行的淬火，生产效率高，成本低并且占地面积小。要保证得到稳定的组织和性能，淬火后轧件要利用自身余热回火。国产的重轨轧后余热淬火生产线于1998年投产，产品质量达到了当时的国际先进水平。

重新加热淬火则在单独的生产线上对重轨再次加热，生产组织比较灵活，但需要有中间仓库、再加热设备和抑火前后的处理设备，能耗较高，占地面积和投资均较大。

（2）H型钢的控制冷却。H型钢在轧制过程中，边部和腰部的温度有明显差别，如果自然冷却，冷却后轧件的残余应力很大，影响产品的使用性能。为了提高产品性能质量和发挥钢的性能潜力，提高冷却速度，在成品机架后要设有控制冷却系统，在冷床上根据H型钢的规格尺寸利用喷水进行立冷或平冷，边部和腰部的冷却强度可根据需要进行调整。

2.2.5.3 长尺冷却和长尺矫直

长尺冷却和长尺矫直，是在精轧机出口处不锯切轧件，在长尺冷床上冷却后再进行矫直、锯切。此举的优点是：提高轧件的平立度；减少矫直盲区；提高产品定尺率。如重轨，实现长尺冷却和长尺矫直对提高产品质量具有特殊的意义。长尺冷却和长尺矫直对车间长度、冷床和冷锯有专门的要求。我国已经有多套长尺冷却和长尺矫直生产线投入使用，但是在整个大、中型型钢生产中采用该工艺的比例尚需进一步提高。

2.2.5.4 热弯型钢

热弯是用钢坯先热轧成厚度不等并有适当凸凹的扁钢或异型断面的型钢，在轧后余热的条件下，连续弯曲成为开式、半封闭式或封闭式的异型断面型钢。这种工艺优点是：该成型方式既可以生产出热轧方法无法生产的型钢，也能生产出冷弯方法不能生产的型钢，而且利用余热成型，能耗小，材料塑性好，其断面向上的力学性能均匀，避免了冷弯加工硬化和弯曲处的微裂纹等。

热轧热弯不等壁厚矩形管与相同外形尺寸的冷弯焊接钢管相比较，其断面上的金属分布更为合理，而且产品力学性能指标有所提高，因此可以达到节约金属的目的。

2.3 棒、线材生产

2.3.1 棒、线材种类及生产特点

棒材是一种简单断面型材，一般是以直条状交货。棒材的品种按断面形状分为圆形、方形和六角形以及建筑用螺纹钢筋等几种，后者是周期断面型材，有时被称为带肋钢筋。

线材是热轧产品中断面面积最小，长度最长而且号盘卷状交货的产品。线材的品种按断面形状分为圆形、方形、六角形和异型。棒、线材的断面形状最主要的还是圆形。表 2-7 给出了棒、线材产品种类及用途。

表 2-7 棒、线材产品种类及用途

钢　种	用　途
一般结构用钢材	一般机械零件、标准件
建筑用螺纹钢筋	钢筋混凝土建筑
优质碳素结构钢	汽车零件、机械零件、标准件
合金结构钢	重要的汽车零件、机械零件、标准件
弹簧钢	汽车、机械用弹簧
易切削钢	机械零件和标准件
工具钢	切削刀具、钻头、模具、手工工具
轴承钢	轴承
不锈钢	各种不锈钢制品
冷拔用软线材	冷拔各种丝材、钉子、金属网丝
冷拔轮胎用线材	汽车轮胎用帘线
焊条钢	焊条

棒、线材的用途非常广泛，除建筑螺纹钢筋和线材等可直接被应用的成品之外，一般都要经过深加工才能制成产品。深加工的方式有热锻、温锻、冷锻、拉拔、挤压、回转成型和切削等，为了便于进行这些深加工，加工之前需要进行退火、酸洗等处理。加工后为保证使用时的力学件能，还要进行淬火、正火或渗碳等热处理。有些产品还要进行镀层、喷漆、涂层等表面处理。

由于棒、线材的用途广泛，因此市场对它们的质量要求也是多种多样的，根据不同的用途，对力学强度、冷加工性能、热加工性能、易切削性能及耐磨耗性能等也各有所偏重，见表 2-8。总的要求是：提高内部质量，根据深加工的种类，材料本身应具有合适的性能，以减少深加工工序，提高最终产品的使用性能。

表 2-8 市场对一般棒、线材产品的质量要求及对策

钢　种	市场需求、发展动向	对应的生产措施
建筑用螺纹钢筋	高强度、低温韧性、耐盐蚀	严格控制成分
机械结构用钢	淬火时省去软化退火，调质可以提高强度	软化材料（控制成分，控制轧制，控制冷却） 减少偏析
弹簧钢	高强度，耐疲劳	严格控制成分，减少夹杂
易切削钢	提高车削效率和刀具寿命	控制夹杂物
冷加工材	减少冷锻开裂 减少拉拔道次 省略软化退火	消除表面缺陷 高精度轧制 软化材料
硬线、轮胎用线材	减少断线 提高强度	消除表面缺陷和内部偏析 控制冷却 严格控制成分

棒、线材的断面形状简单，用量巨大，适于进行大规模的专业化生产。线材的断面尺寸是热轧材中最小的，所使用的轧机也应该是最小型的。从钢坯到成品，轧件的总延伸非常大，需要的轧制道次很多。线材的特点是断面小，长度大，要求尺寸精度和表面质量高。但增大盘重、减小线径、提高尺寸精度之间是有矛盾的。因为盘重增加和线径减小，会导致轧件长度增加，轧制时间延长，从而轧件终轧温度下降，头、尾差加大，结果造成轧件头、尾尺寸公差不一致，并且性能不均。

2.3.2　棒、线材生产工艺

线材断面形状简单，长度长，要求尺寸精度和表面质量高，适合进行大规模专业化生产。线材生产发展的总趋势是提高轧速，增加盘重，提高尺寸精度及扩大规格范围，同时向实现改善产品最终力学性能，简化生产工艺，提高轧机作业率的方向发展。目前，线材坯料断面尺寸扩大到边长 150~200mm。精轧出口速度一般为 100~120m/s，随着飞剪剪切技术、吐丝技术和控冷技术的完善，还有继续提高的趋势，终轧速度达到 150m/s 的研究已在进行中。

轧制技术的飞速发展及新式高速轧机的出现，终轧速度不断提高，为增加线材盘重创造了有利条件。线材盘重增大，不仅能减少二次加工工序，降低成本，提高产量和作业率，提高金属收得率，而且使轧件由于咬入不顺造成的事故减少，轧机自动化水平提高。目前 1~2t 已经是小盘重，很多轧机生产的盘重达到 3~4t。但是，增大盘重、减少线径同提高质量和精度之间存在一定矛盾。随着盘重加大，导致轧件长度和轧制时间增加，轧件终轧温度降低，头部和尾部温度差加大，从而引起头、尾尺寸公差加大，组织和性能不均。另外，线材断面最小，总延伸系数最大，轧制道次多，温降也大。

线材生产一般工艺流程：原料准备→称重→加热→粗轧→（剪头）→中轧→剪头→精轧→水冷→卷取→空冷→（散卷冷却）→检验→收集→包装→收集（钩式运输）→称重→入库。

（1）坯料准备。在供坯允许的条件下，坯料断面积尽可能小，以减少轧制道次。为保证盘重，坯料要求尽可能长；另外，轧机轧制速度越高，盘重越大，要求坯料尺寸越大。所以，棒、线材坯料细而长。目前生产棒、线材坯料断面形状一般为方形，边长 120~150mm，最长为 22m，以连铸坯为主。

由于线材成卷供应，必须对表面缺陷进行清除，对内部缺陷进行探伤。采用常规冷装炉加热轧制工艺时，为保证坯料全长质量，一般钢材采用目视检查，手工清理的方法；对质量要求较严格的钢材，可采用超声波探伤、磁粉或磁力线探伤等进行检查和清理，必要时进行全面表面修磨；采用连铸坯热装炉或直接轧制时，必须保证无缺陷高温铸坯生产。对有缺陷的铸坯，可进行在线热检查和热清理，或通过检测形成落地冷坯，人工清理后，再进入常规轧制生产。

（2）加热。一般采用步进式加热炉加热。加热的通常要求是氧化脱碳少，钢坯不发生扭曲，不产生过热过烧等。对易脱碳的钢，要严格控制高温段的停留时间，采取低温、快热、快轧等措施。为减少轧制温降，加热炉应尽量靠近轧机。

现代化的高速线材轧机坯重大，坯料长，这就要求加热温度均匀，波动范围小，对高速线材轧机，最理想的加热温度是钢坯各点到达第一架轧机时其轧制温度始终一样，通常使将钢坯两端的温度比中部温度高30~50℃。

（3）轧制。随着线材生产向着连续、高速、无扭、微张力或无张力轧制的方向发展，轧制方式也由横列式向连续式发展。现代化线材车间机架数一般多于18架，线材车间机架数一般为21~28架。生产实践中经常出现因终轧温度过高而导致产品质量下降或螺纹钢成品孔型不能顺利咬入等问题，线材连轧机可实现低温轧制。低温轧制不仅可以降低能耗，还可以提高产品质量，创造很高的经济效益。低温轧制规程有两种：一种是降低开轧温度，从1050~1100℃降至850~950℃，终轧温度与开轧温度相差不大，扣除因变形抗力增大导致电机功率增加的因素，节能可达20%左右；另一种是不仅降低开轧温度，并将终轧温度降低至再结晶温度（700~800℃）以下，除节能外还明显提高产品的机械性能，效果优于任何传统的热处理方法。有时在精轧机组前设置水冷设备以控制线材终轧温度，在精轧机组各机架间进行在线冷却，控制线材温度升高、终轧温度及稳定性。

线材在轧制时，轧件高度上尺寸由孔型控制，但宽度上尺寸却是计算出来或根据经验确定的，孔型不能严格限制宽度方向尺寸。另外，机架间张力和轧件头、尾尺寸差也会对轧件尺寸产生明显影响。为确保轧件尺寸精度，可采用真圆孔型和三辊孔型严格控制轧件高向和宽向尺寸，或在成品孔型后设置专门定径机组以及采用自动控制AGC系统。目前，线材尺寸精度达到±0.10mm，发展目标是精度达到±0.05mm。

线材轧机分粗、中、精轧三个机组，孔型系统选择也不相同。一般各延伸孔型系统，如平箱-立箱、六角-方、菱-方、椭圆-方、椭圆-圆都可用为粗轧孔型，但应满足粗轧要求。中轧孔型普遍采用椭-方系统。精轧一般采用椭-方系统，但在轧制高碳钢和合金钢时，也有采用椭-圆、椭-立椭孔型系统。线材轧制的孔型总延伸系数较其他钢材都大，一般平均延伸系数为1.28~1.32，硬质线材取下限，软质线材取上限。生产中粗轧、中轧、精轧机组的平均延伸可分别取1.34~1.44、1.30~1.33、1.20~1.24。实行多道快速轧制时，平均延伸系数减小可有效减小轧件在中间道次出耳子和成品表面形成折叠。

（4）冷却和精整。目前线材的冷却有两种方式：自然冷却和控制冷却。自然冷却包括堆冷和钩式冷却，堆冷已被淘汰，钩式冷却适用于成品线材速度在10~16m/s，单重100~200kg的盘条的冷却，现已不能满足生产和用户需要，往往与控制冷却结合使用。

控制冷却是线材生产发展的方向，线材精轧后控制冷却一般分三步完成：一是轧后穿水冷却，使线材快冷到700~900℃，减少高温停留时间，减少二次氧化，防止变形奥氏体晶粒长大或阻止碳化物析出，为相变作组织上的准备；二是吐丝成圈后进行散卷冷却，以控制奥氏体向铁素体和珠光体的转变速度，保证线材的组织性能要求；三是相变后和成卷后的盘卷冷却，要尽可能保证各部位冷却均匀，盘卷成型，组织和性能均匀。

线材的精整工艺流程如下：

精轧→吐丝机（线材）→散卷控制冷却→集卷→检查→包装。

2.3.3 棒、线材轧机的布置形式

棒、线材适于进行大规模的专业化生产。在现代化的钢材生产体系中，棒、线材都是用连轧的方式生产的。我国棒、线材的生产已经转化成以连轧的方式为主。棒、线材车间的轧机数目较多，分成粗轧、中轧和精轧机组。

棒、线材的轧机布置形式可分为以下几种。

2.3.3.1　横列式轧机

最早的棒线材轧机都是横列式轧机。横列式轧机有单列式和多列式之分，如图 2-33 所示。单列横列式轧机是最传统的轧制方法，在大规模生产中已遭淘汰，其由一台电机驱动，轧制速度不能随轧件直径的减小而增加，这种轧机轧制速度低，线材盘重小，尺寸精度差，产量低。

为了克服单列式轧机速度不能调整的缺点，出现了多列式轧机，各列的若干架轧机分别由一台电机驱动，使精轧机列的轧制速度有所提高，盘重和产量相应增大，列数越多，情况越好。一般线材轧机多超过 3 列。即使是多列，终轧速度也不会超过 10m/s，盘重不大于 100kg。

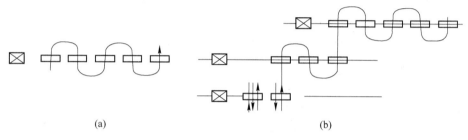

(a)　　　　　　　　　　　　　　　　(b)

图 2-33　单列式和多列式棒、线材的轧机布置形式
（a）单列式；（b）多列式

2.3.3.2　半连续式轧机

半连续式轧机是由横列式机组和连续式机组组成的。早期的形式如图 2-34 所示，其初轧机组为连续式，中、精轧机组为横列式轧机。其粗轧时采用较大的张力进行拉钢轧制，以维持各机架间的秒流量，导致轧出的中间坯头尾尺寸有明显差异。

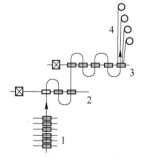

图 2-34　半连续式线材轧机
1—粗轧机组；2—中轧机组；
3—精轧机组；4—卷线机

改进的半连续式线材轧机为复二重式轧机，其粗轧机组可以是横列式、连续式或跟踪式轧机，中、精轧机组为复二重式轧机，如图 2-35 所示。它的特点是：在轧制过程中既有连轧关系，又有活套存在，各机架的速度靠分减速箱调整，取消了横列式轧机的反围盘，活套长度较小，因而温降也小，终轧速度可达 12.5~20m/s。多线轧制提高了产量，一套轧机年产量可达 15 万~25 万吨，盘重为 80~200kg。

相对于横列式线材轧机，复二重式轧机基本上解决了轧件温降问题，并且由于取消了反围盘，轧制时工艺稳定，便于调整。但是与高速无扭线材轧机相比，其工艺稳定性和产品精度都较差，而且劳动强度大，盘重小。根据我国的技术政策规定，在 2003 年已取消横列式和复二重式轧机。

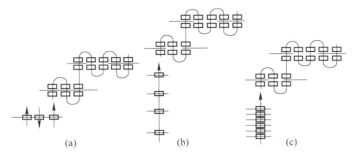

图 2-35 复二重式线材粗轧机布置形式

（a）横列式；（b）跟踪式；（c）连续式

2.3.3.3 连续式轧机

与横列式轧机相比，其优点是：轧制速度高，轧件沿长度方向上的温差小，产品尺寸精度高，产量高，线材盘重大。连续式轧机一般分为粗、中、精轧机组，线材轧机常常有预精轧机组。

20 世纪 40 年代的连续式轧机主要是集体传动的水平辊机座，对线材进行多线连轧，其基本形式如图 2-36（a）所示。在中轧机组和精轧机组间设置两台单独传动的预精轧机。由于轧制过程中轧件有扭转翻钢，故轧制速度不高，一般是 20~30m/s，年产量约为 20 万~30 万吨。20 世纪 50 年代中期开始采用直流电机单独传动和平、立辊交替布置的连轧机进行多路轧制，如图 2-36（b）所示，采用平、立辊交替的精轧机组，轧制速度为 30~35m/s，盘重可达 800kg。由于机架间距大，咬入瞬间各架电机有动态速降，影响了其速度的进一步提高。因此，线材生产从 20 世纪 60 年代起逐渐被 45°高速无扭精轧机组和 Y 型精轧机所取代。

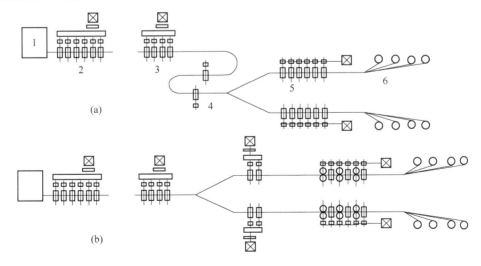

图 2-36 连续式轧机线材粗轧机布置形式

（a）连续式线材轧机；（b）精轧平、立的连续式线材轧机

1—加热炉；2—粗轧机组；3—中轧机组；4—预粗轧机组；5—精轧机组；6—卷线机

2.3.3.4　Y型三辊式线材精轧机组

Y型精轧机组是由4~14架轧机组成，每架由三个互成120°角的盘状轧辊组成，相邻机架相互倒置180°。轧制时轧件无需扭转，轧制速度可达60m/s。Y型轧机由于轧辊传动结构复杂，不用于一般钢材轧制，多用于难变形合金的轧制，Y型三辊式线材精轧机组的孔型系统如图2-37所示。一般是三角形-弧边三角形-弧边三角形-圆形。对某些合金钢亦可采用弧边三角形-圆形孔型系统，轧件在孔型内承受三面加工，其应力状态对轧制低塑性钢材有利。进入Y型轧机的坯料一般是圆形，也有六角形坯。轧件的变形比较均匀，在孔型的断面面积较为准确，因此各机架间的张力控制也较为准确。轧制中轧件角部位置经常变化，故各部分的温度比较均匀，易去除氧化铁皮，产品表面质量好，而且轧制精度也高。

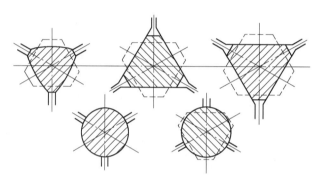

图2-37　Y型线材轧机组的孔型系统

2.3.4　现代化棒、线材生产车间

2.3.4.1　型、棒材一体化连铸-连轧节能型轧机

近年来，国外新建的棒材轧机大都采用平、立交替布置的全线无扭轧机。同时在粗轧机组采用易于操作和换辊的机架，中轧机采用短应力线的高刚度轧机，电气传动采用直流单独传动或交流变频传动。采用微张力和无张力控制，配合轧制合理的孔型设计，使轧制速度提高，产品的精度提高，表面质量改善。在设备上，进行机架整体更换和孔型导卫的预调整并配备快速换辊装置，使换辊时间缩短到5~10min，轧机的作业率大为提高。型、棒材短流程节能型轧机是当今型、棒材一体化轧机发展的重要趋势。图2-38示出了我国某厂所建的型、棒材一体化轧机，它采用了直接热装（DHCR）的短流程节能型轮机的设备布置。

2.3.4.2　现代化线材车间布置

线材生产发展的总趋势是在提高轧速，增加盘重，提高尺寸精度及扩大规格范围的同时，向实现改善产品的最终力学性能，简化生产工艺，提高轧机作业率的方向发展。图2-39是一个年产100万吨以上的现代化线材车间。该车间轧机共有25架。粗轧七架紧接在步进式加热炉后。第一中间机组四架，其前面有回转式切头飞剪。第二中间机组为水平-

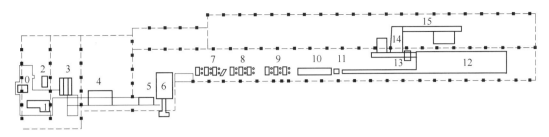

图 2-38 我国某厂所建的型、棒材一体化轧机车间平面布置图

0—钢包炉；1—钢包回转台；2—连铸机；3—钢坯冷床；4—热存储装置；5—冷上料台架；6—步进式加热炉；
7—粗轧机；8—中轧机；9—精轧机；10—水冷装置；11—分段剪；12—冷床；13—多条矫直机
和连续定尺冷飞剪；14—非磁性全自动堆垛机；15—打捆机和称重装置

立式轧机，采用单根轧制、侧出活套，以利于调整进入精轧机组的料型。精轧机组为四线轧制，每线由45°高速无扭摩根式（悬臂式）轧机十架组成，轧制速度为60m/s。精轧后用"斯太尔摩"法控制冷却，精整全部自动化、连续化（图2-40）。该车间采用断面110mm×110mm、长16~21m的坯料，生产45.5~13.0mm的线材，盘重为2t，月产量8万吨。

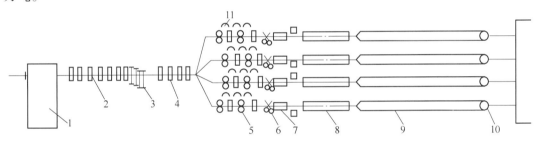

图 2-39 现代化线材车间

1—步进式加热炉；2—粗轧机组；3—切头剪；4—第一中间机组；5—第二中间机组；6—飞剪；
7—精轧机组；8—控制水冷带；9—斯太尔摩线；10—集卷器；11—侧活套

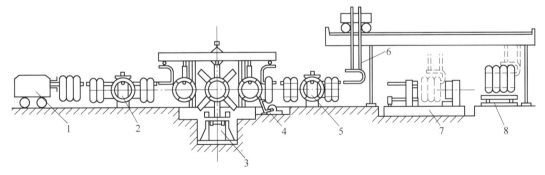

图 2-40 线材连续精整设备布置图

1—叉车；2—回转送料台；3—打捆机；4—排标牌；5—卸载回转台；
6—钩式吊车；7—集卷压紧装置；8—磅秤

2.3.5 棒、线材轧制的控制冷却和余热淬火

为提高钢材的使用性能，控制冷却和余热淬火是既行之有效又经济效益好的措施。对

合金钢采用精轧前后控制冷却，可使轴承钢的球化退火时间减少，网状组织减少。奥氏体不锈钢可进行在线固溶处理，对齿轮钢可细化晶粒。

随着高速轧机的发展，线材控制冷却技术也得到了迅速的发展。从轧后穿水冷却发展到成圈的散圈冷却，把轧制过程中的塑性变形加工和热处理工艺结合起来，线材控制冷却的主要优点处：（1）提高了综合力学性能，并改善了其长度方向上的均匀性；（2）改善金相组织，使晶粒细化；（3）减少氧化损失，缩短酸洗时间；（4）降低线材轧后温度，改善劳动条件；（5）提高了产品质量，有利于线材二次加工。

2.3.5.1　余热淬火原理及工艺过程

轧后余热淬火处理工艺的原理是：在钢筋（棒材）终轧组织仍处于奥氏体状态时，利用其本身的余热在轧钢作业线上直接进行热处理，将热轧变形与热处理有机结合在一起，通过对工艺参数的控制，有效地挖掘出钢材性能的潜力，获得热强化的效果。

钢筋（棒材）的余热淬火工艺是首先在表面生成一定量的马氏体（要求不大于总面积的33%，一般控制在10%~20%之间），然后利用心部余热和相变热使轧材表面形成的马氏体进行自回火。余热淬火工艺根据冷却的速度和断面组织的转变过程，可以分为三个阶段：

第一阶段为表面淬火阶段（急冷段）。钢筋离开精轧机后以终轧温度尽快地进入高效冷却装置，进行快速冷却。其冷却速度必须大于使表面层达到一定深度淬火马氏体的临界速度。表面温度低于马氏体开始转变点（M_s），发生奥氏体向马氏体相转变。该阶段结束时，心部温度还很高，仍处于奥氏体状态。表层则为马氏体和残余奥氏体组织，表面马氏体层的深度取决于强冷的持续时间。

第二阶段为空冷自回火阶段。钢筋通过快速冷却装置后，在空气中冷却。此时钢筋截面上的温度梯度很大，心部热量向外层扩散，传至表面的淬火层，对已形成的马氏体进行自回火。根据自回火温度不同，其表面组织可以转变为回火马氏体或回火索氏体，表层的残余奥氏体转变为马氏体，同时邻近表层的奥氏体根据钢的成分和冷却条件不同而转变为贝氏体、屈氏体或索氏体组织，而心部仍处在奥氏体状态。

第三阶段为心部组织转变阶段。心部奥氏体发生近似等温转变，转变产物可分为铁素体和珠光体或铁素体、索氏体和贝氏体。心部组织产生的类型取决于钢的成分、钢筋直径、终轧温度和第一阶段冷却效果和持续时间等。

2.3.5.2　线材控制冷却的原理和方法

对线材冷却的要求是：（1）二次铁皮要少，以减少金属消耗和二次加工前的酸耗和酸洗时间；（2）冷却速度要适当，防止出现马氏体和贝氏体，以免降低钢材的二次加工性能；（3）要求得到索氏体组织，防止粗大铁素体和片状珠光体产生，以便取消二次加工前的铅浴淬火；（4）要求整根轧件性能均匀一致。控制冷却是线材生产发展的方向，一般分三步完成：一是轧后穿水冷却，使线材快冷到700~900℃，减少高温停留时间，减少二次氧化，防止变形奥氏体晶粒长大或阻止碳化物析出，为相变作组织上的准备；二是吐丝成圈后进行散卷冷却，以控制奥氏体向铁素体和珠光体的转变速度，保证线材的组织性能要求；三是相变后和成卷后的盘卷冷却，要尽可能保证各部位冷却均匀，盘卷成型，组织和性能均匀。根据轧后控制冷却所得到的组织不同，线材控制冷却可以分为以下两种类型：

（1）珠光体型控制冷却。要求线材在连续冷却过程中获得索氏体组织，其必须在线材轧后由奥氏体温度急冷至索氏体相交温度下进行等温转变。图 2-41 为含碳 0.5% 钢的等温转变曲线，可见，为了得到索氏体组织，理论上应使相交在 630℃ 左右（见图 2-41 曲线 a）。而实际产生中完全的等温转变是难以实现的。铅淬火（图 2-41 曲线 b）近似上述曲线，但由于线材内外温度不可能与铅浴淬火槽的温度立即达到一致，故其实际组织内就有先共析铁素体的残余和一部分稍大的珠光体。线材控制冷却（图 2-41 曲线 c）则是根据上述原理将终轧温度高达 1000~1100℃ 的线材立即通过水冷区急冷至相变温度。此时加工硬化的效果被部分保留，被破碎的奥氏体晶粒晶界成为相变时珠光体和铁素体的结晶核心，从而使珠光体和铁素体细小。此后减慢冷却速度，使冷却速度类似等温转变，从而得到索氏体、较少铁素体和片状珠光体的组织。图 2-41 中曲线 d 是通常未经控制冷却的线材。其组织为相当数量的先共析铁素体和粗大层状珠光体，因此性能差且晶粒不均匀，氧化铁皮厚且不均。控制冷却的斯太尔摩法，施罗曼法等都是根据上述原理设计的。

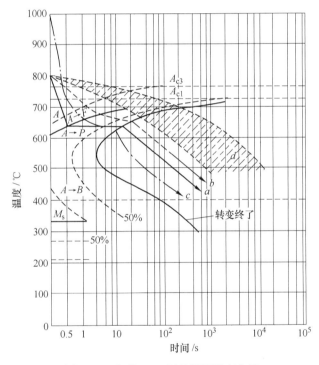

图 2-41   含碳 0.5% 钢的等温转变曲线

（2）马氏体型控制冷却。图 2-42 给出了线材穿水冷却断面温度变化，线材轧后以很短的时间进行强制冷却，使线材表面温度急剧降至马氏体开始转变温度以下，使钢的表面层产生马氏体。在线材出冷却段以后，利用中心部分残留热量以及由相变释放出来的热量使线材表面层的温度上升，达到一个平衡温度，使表面马氏体回火。最终得到中心为索氏体、表面为回火马氏体的组织。

目前现代化线材轧机常用的散卷冷却方式有斯太尔摩法、施罗曼法、沸水冷却法（ED 法）、塔式冷却法（DP 法）、流态层冷却法等。

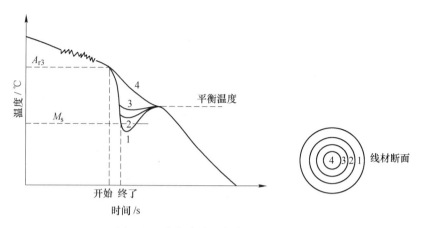

图 2-42　线材穿水冷却断面温度变化

　　斯太尔摩法，如图 2-43 所示，其将轧出的线材（1000℃左右），通过水冷套管快速冷却至相变温度 785℃左右，经导向装置引入吐丝机，然后进行散卷冷却。根据钢种不同，通过控制鼓风机的送风量和运送速度，控制线材冷却速度。不同钢种可进行强迫风冷、自然空冷、加罩缓冷或供热球化退火，以控制线材组织性能。冷却后线材经集卷器收集，然后进行检查、打捆、入库。斯太尔摩法的缺点是投资费用高，占地面积大。空冷区线材的降温主要靠冷风，线材质量受车间气温和温度影响较大。依靠风机降温，线材二次氧化严重。

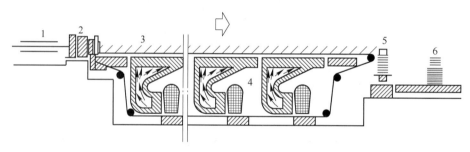

图 2-43　斯太尔摩法
1—水冷套管；2—吐丝机；3—运输机；4—鼓风机；5—集卷器；6—盘条

　　施罗曼法是在斯太尔摩控制冷却的基础上发展而来的，为克服斯太尔摩法的缺点，其改进水冷装置，强调在水冷带上控制冷却，而在运输机上自然空冷。其作用是线材出精轧机后经环形喷嘴冷却器冷却至 620~650℃。然后，经卧式吐丝机成圈并先垂直后水平放倒在运输链上，通过自由的空气对流冷却，而不附加鼓风，冷却速度为 2~9℃/s。为了适应不同的要求，通过改变在运输带上的冷却形式而发展出各种形式的施罗曼法，如图 2-44 所示，其中 1 型适用于普碳钢；2 型适于要求冷却速度较慢的钢种；3 型在运输带的上部加一罩子，适于要求较长转变时间的特殊钢种；4 型适于要求低温收卷的钢种；5 型适于合金钢。

　　塔式冷却法（DP 法）是将轧后线材经水冷至 850~650℃，卷取后置于垂直运动的链式运输机上，用钩子支撑自上而下运动，从垂直塔壁上的风孔吹入空气，使线材温度降至 500℃以上，通过风量和运输机下降速度调节冷却速度，满足线材性能要求。

沸水冷却法（ED法，如图2-45所示）是将轧后线材经水冷至850℃左右，依靠压紧辊送入卷线机，然后落入沸水槽中被卷成盘。线材从前端开始依次受到沸水冷却，卷取完成后依靠底板将盘条拖起，然后用推料机推出到运输机上取出。

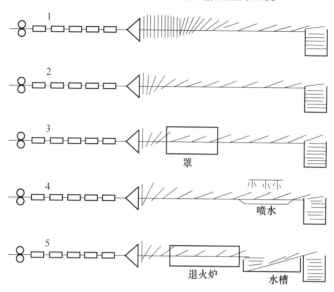

图 2-44　5 种类型的施罗曼法控制冷却示意图

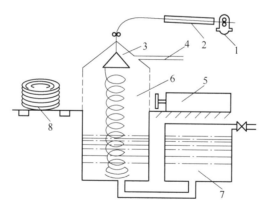

图 2-45　沸水冷却法（ED法）

1—精轧机；2—水冷段；3—卷线机；4—蒸汽出口；5—液压缸；

6—落槽；7—调节水箱；8—处理后的盘条

流态层冷却法是将轧后线材经水冷至750℃左右卷取，然后落在由锆砂作流态粒子的流态冷床上进行奥氏体分解相变，流态层的温度与奥氏体分解温度直接相关，此设备比较复杂。

2.3.6　棒、线材轧制的发展方向

2.3.6.1　连铸坯热装热送或连铸直接轧制

由于实现了连铸，棒、线材生产可以不经过开坯工序。随着精炼技术、连铸无缺陷坯

技术、坯料热状态表面缺陷和内部质量检查技术的发展，连铸坯热装热送将会很快应用于生产实践，以充分利用能源。对于一般材质以及高档钢材的棒、线材连铸坯直接轧制技术仍在研究之中。连铸坯在 650~800℃ 热装热送，可提高加热炉能力 20%~30%，比冷装减少坯料氧化损失 0.2%~0.3%，节约加热能耗 30%~45%，同时可减少或取消中间存储面积，减少设备和操作人员，缩短生产周期，加快资金周转，有巨大的经济效益。直接热装热送是当前小型和线材轧机节能降耗、减少生产成本、简化生产工艺最直接有效的措施之一。随着精炼技术、连铸无缺陷坯技术、坯料热状态表面和内部质量检查技术的发展，连铸坯热装热送将会得到快速发展。

2.3.6.2　柔性轧制技术

对于小批量、多品种的生产，在规格和品种改变时，会增加轧机停留时间。柔性轧制技术利用无孔型轧制、共用孔型等手段迅速改变轧制规程，改变产品规格，减少了停机时间。随着三维轧制过程解析手段的进步，柔性轧制技术已经达到实用阶段。另外，长寿命、快速换辊技术的日趋成熟都为柔性轧制提供了条件。

2.3.6.3　控制轧制、控制冷却新技术

实践表明，控制轧制、控制冷却技术在提高产品组织性能，降低钢材生产成本，提高企业经济效益上起着巨大的作用。目前在小型棒材生产中采用低温轧制，一般粗、中轧采用奥氏体再结晶型轧制，精轧可采用奥氏体未再结晶型或两相区控制轧制。中轧与精轧机组之间必须设有水冷箱，以准确控制轧件的精轧温度。这要求两个机组之间有足够的距离，保证轧件进入精轧机前断面温度分布均匀，根据轧件规格不同，一般在 30~50m。小型棒材生产中的控制冷却可单独使用，也可与控制轧制有机结合使用，取得控制冷却的最佳效果。目前广泛使用的是带肋钢筋及棒材的轧后余热淬火及自回火工艺。

为满足用户对高精度、高质量的要求，高速线材轧机得到发展，无扭精轧机组机型进一步改进。高速无扭线材轧制后往往跟着散卷冷却，一是工艺上需要和性能保证，二是为减少氧化铁皮。高线的控制冷却技术包括水冷和风冷，对大规格线材可采用水雾冷却。

先进棒材轧机的终轧速度一般是 17~18m/s，线材的终轧速度一般是 100~120m/s，随着飞剪剪切技术、吐丝技术和控制冷却技术的完善，棒、线材的终轧速度还有继续提高的趋势。线材的终轧速度达到 150m/s 的研究已在进行中。

2.3.6.4　无头轧制

坯料传统轧制生产线上，坯料一根一根地由加热炉出来进入第一架轧机，坯料之间有一定的间隔时间。高速轧制的实现和连铸—连轧技术的成熟刺激了棒、线材无头轧制技术发展。无头轧制的优点是减少切损，棒、线材连轧需多次切头，第一次切头断面较大，不切头可提高成材率 1%~2%；可达 100% 定尺；生产率提高；对导卫和孔型无冲击，不缠辊；尺寸精度高。据意大利达涅利公司测算，采用方坯无头轧制技术，焊接位置在出炉辊道上，进入粗轧机组前，年产 38 万吨棒、线材的车间，年增效益约 1600 万元。图 2-46 为某厂无头轧制生产线。

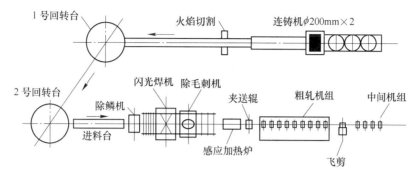

图 2-46 某厂无头轧制生产线

2.3.6.5 切分轧制

在轧制过程中，将一根钢坯利用孔型的作用（即将轧件用轧辊压出颈部）轧成具有两个或两个以上并联轧件，再利用切分设备（导板、切刀或圆盘剪）或孔型本身将并联轧件沿纵向切分成两根以上单根轧件的轧制方法被称为切分轧制。其优点是：（1）大幅提高了粗轧机的生产能力。在不增加轧制台数，坯料大小不变或增大时，可用低的轧制速度获得高的生产率；（2）在不增加轧制道次前提下，实现用小轧机轧制大坯料；（3）改变孔型结构，变不对称产品为对称产品；（4）扩大产品规格范围；（5）降低成本和能源消耗，在相同条件下，可将钢坯加热温度降低 40℃ 左右，燃料消耗可降低 15% 左右，轧辊消耗可降低 15% 左右。

 练习题

2-1 简述重轨生产的典型工艺流程。

2-2 请图示型材轧机的典型布置形式，并简要说明其特点。

2-3 试分析横列式型材轧机与连续式型材轧机的特点。

2-4 热轧型材轧机常见的布置形式和特点是什么？各布置形式的生产工艺有何不同？

2-5 型材生产的特点是什么？

2-6 试述 H 型钢断面形状的特点，它与普通工字钢相比有何优点？H 型钢热轧后一般采用什么冷却方式？为什么？

2-7 钢轨轧制后进行热处理的目的是什么？各种热处理工艺的控制要点是什么？

2-8 初轧机共有几种形式？

2-9 型材生产发展的新技术有哪些？

2-10 简述棒线材生产的主要工艺过程。棒线材轧机的布置形式有哪些？各有何特点？

2-11 简述线材轧后控制冷却的基本原理。

2-12 棒、线材的生产特点是什么？棒、线材轧制的发展方向有哪些？

2-13 简述螺纹钢筋余热淬火原理。

2-14 线材轧制后为什么要进行控制冷却，说明其原理。

3 板带钢生产工艺

3.1 板带钢生产概述

国民经济建设与发展中大量使用的金属材料中，钢铁材料占有很大比例，98%的钢铁材料是采用轧制方法生产的，轧材中30%~60%以上是板带材。板带钢产品薄而宽的断面决定了板带钢产品在生产上和应用上有其特有的优越条件。从生产上讲，板带钢生产方法简单，便于调整、便于改换规格；从产品应用上讲，钢板的表面积大，是一些包覆件（如油罐、船体、车厢等）不可缺少的原材料，钢板可冲、可弯、可切割、可焊接，使用灵活。因此，板带钢在建筑、桥梁、机车车辆、汽车、压力容器、锅炉、电器等方面得到了广泛应用。

3.1.1 外形、使用与生产特点

板带产品外形扁平，宽厚比大，单位体积的表面积也很大。通常称剪切成定尺长度单张供应的为板材，成卷供货的称为带钢或板卷，宽度大于800mm称作宽带钢。板材主要尺寸是厚度 H、宽度 B 与长度 L；带钢及板卷一般只标出厚度 H、宽度 B，再附加卷重 G，实际长度通过卷重换算。板带材几何外形特征通过宽厚比（B/H）显示，B/H 越大，越难保证良好板形和较窄公差范围。其外形具有以下特点：

（1）板带从辊缝中轧出，而不是从孔型中轧出，虽有辊型要求，但是改变产品规格比型钢、钢管等类型的产品要简单，容易实现。因而具有易于调整，便于改变产品规格的特点。

（2）带钢形状扁平，可以成卷生产，这样就可以使轧制速度大大提高。目前热连轧带钢的轧制速度超过30m/s，而冷连轧带钢可达40m/s。

由于板带钢适于高速、连续、自动化、大批量的生产，所以有利于降低成本、提高产量。这一点是板带钢产品获得发展的关键因素。

板带钢产品的外形特点使其在使用上有以下特色：

（1）表面积大，因此包容、覆盖能力强，在化工、建筑、金属制品、金属结构等方面有着广泛的用途。

（2）能冲压、弯曲，制成各类轻型薄壁钢材及各类日用品。在汽车、造船及拖拉机制造等部门占有十分重要的地位。

（3）可焊接成各类大型复杂断面的工字梁、槽钢等结构件，如全焊桥、大型螺焊钢管等。既避免了复杂大型钢材的生产，又方便了运输（可在施工现场根据需要就地焊成）。因而灵活性大、成本低、使用方便。

3.1.2 产品分类及技术要求

3.1.2.1 分类

A 按产品尺寸规格分类

板带材按规格（厚度）一般可分为厚板、薄板和极薄带材（箔材）三类（见表3-1）。各国分类标准不尽相同，其间并无固定的明显界限。我国以4mm为薄板与中厚板的分界线，这与我国目前采用的生产方法有关。

表 3-1 板带材按产品尺寸规格分类

类 别			厚度范围/mm	宽度范围/mm
热轧板	中厚板	中板	4.0~20	
		厚板	20~60	600~3500
		特厚板	>60	1200~3800
	薄 板		1.0~4.0	600~2500
冷轧板	薄 板		0.2~4.0	600~2500
	箔 材		0.02~0.2	200~600

B 按用途分类

板带材按用途可分为造船板、锅炉板、桥梁板、压力容器板、焊管坯等热轧薄板，汽车板、镀锡板、镀锌板、电工钢板、屋面板、酸洗板等热轧和冷轧薄板带等，有关品种可参看国家标准。

C 按轧制方法不同分类

板带钢按轧制方法不同分为剪边钢板与齐边钢板。剪边钢板的最后宽度经剪切决定，而齐边钢板由带立辊钢板轧机轧出，轧后不剪纵边。

3.1.2.2 技术要求

由于板带材有共同的外形特征，类似的使用要求，相近的生产条件，对它们的技术要求也有共同之处。概括起来就是"尺寸精确板形好，表面光洁性能高"。

（1）尺寸包括长、宽、厚，主要指厚度精度。因为厚度一经轧出无法像长度和宽度那样有剪切余地，厚度又决定着轧材性能参数，以及轧制工艺难度，所以厚度一定要精确控制，若可能尽可能采用负公差轧制，可以大幅节约金属。

（2）所谓板形直观是指板材的翘曲程度。板形精度要求高，就是指板形要平坦，无浪形、瓢曲等缺陷。例如，普通中厚板，其瓢曲程度每米长不得大于15mm，优质板不大于10mm，普通薄板原则上不大于20mm。对板形要求是比较严格的，但要求的实现是很困难的，轧制力、来料凸度、热凸度、轧辊凸度、板宽、张力等各种因素变化都会对板形产生影响。

（3）表面质量要好。板带材很多被用于构件外表面，不仅从美观上要求其光洁整齐，由于易受外部环境影响，也需保证表面质量。表面不得有气泡、结疤、拉裂、刮伤、折叠、裂缝、夹杂和压入氧化铁皮，因为这些缺陷不仅会损坏外观形象，而且还会降低性能或成为产生破裂和锈蚀的发源地，成为应力集中的薄弱环节。例如，硅钢片的光洁度会直接影响磁性感应；深冲钢板表面氧化铁皮会使冲压件表面粗糙甚至开裂，并使冲压工具很快磨损报废。对于不锈钢等特殊用途板带钢，对其表面还有特殊技术要求。

（4）性能要好。主要要求板带材具有较高力学性能、工艺性能和某些特殊钢板的特殊物理化学性能。一般结构钢板只要求具备良好工艺性能，如冷弯和焊接性能，对力学性能一般要求不严格。一般锅炉钢板，除了满足一定强度、塑性和冲击韧性外，还要求具有均匀化学成分和细小结晶组织。造船和桥梁钢板，除了必须具备良好工艺性能和常温力学性能外，还要求有一定低温冲击性能。有些特殊用途钢板，例如合金板、不锈钢板、硅钢片、复合板等，要求有高温性能、低温性能、耐酸、耐碱、耐腐蚀性能等，有的要求一定物理性能，如电磁性能等。

3.2　中厚板生产

由于汽车制造、船舶制造、桥梁建筑、石油化工等工业迅速发展，以及钢板焊接构件、焊接钢管及型材广泛应用，需要宽而长的中厚板，使中厚板生产得到快速发展。日本中厚板生产量为世界之冠，约占钢板生产 20%，最低水平轧机的宽度都在 4000～5000mm之间，而多数轧机都在 5000mm 以上，代表着世界最高水平。我国现有约 26 个中厚板生产厂，已形成 1500 万吨/年的中厚板生产能力，总体供求水平基本平衡。但绝大多数轧机宽度都在 2000～3000mm，目前最宽的轧机也仅在 4000～5000mm 之间，而且全国只有三套。

3.2.1　中、厚板轧机的种类

中厚板距今已有 200 多年的生产历史，二辊可逆式轧机于 1850 年前后最早用于生产中厚板。1864 年美国创建了第一台生产中厚板的三辊劳特式轧机。随着时间的推移，为了提高板材的厚度及精度，美国于 1870 年又率先建成了四辊可逆式厚板轧机。20 世纪 70年代，轧机又加大了级别，主要是建造 5000mm 以上的特宽型单机架轧机，以满足航母和大直径长运输天然气所需管线用板需要。近年来，中厚板轧机的质量和生产技术都大大提高了，因此用于中厚板轧制的轧机主要有三辊式劳特式轧机、二辊可逆式轧机、四辊可逆式轧机和万能式轧机等几种形式，如图 3-1 所示。旧式二辊可逆式和三辊劳特式轧机由于辊系刚性不够大，轧制精度不高，已被淘汰。

3.2.1.1　二辊可逆式轧机

用直流电机驱动，可以低速咬钢，高速轧钢，因此具有增加咬入角，增加压下量，提高产量的优点。其上辊抬高高度大，不受升降台的限制，所以对原料的适应性强，可以轧制大钢锭，也可以轧制板坯。其刚性较差，钢板厚度公差大，因此一般适合于生产厚规格的钢板，而更多的是用作双机轧制中的荒轧机座。

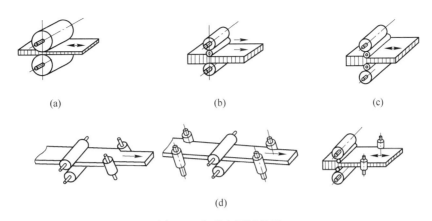

图 3-1 各种中厚板轧机

（a）二辊可逆式轧机；（b）三辊劳特式轧机；（c）四辊可逆式轧机；（d）万能轧机

3.2.1.2 三辊劳特式轧机

这是一种老式轧机，上、下辊直径大，中辊直径小，用 $D/d/D×L$ 表示，D 为上下辊直径，d 为中辊直径，L 为辊身长度。

轧制过程中是利用轧机的两个动作完成的：其一利用中辊升降实现轧件的往返轧制；其二是利用上辊进行压下量调整，得到每道次的压下量。

小直径的中辊由上、下辊传动，中辊被动，这样就可以选用交流电动机传动，轧辊在转动方向不变的条件下实现了轧件的往返轧制。

优点：设备投资少、简单、建厂快，所以 20 世纪 60 年代初期，国内建造了一批这种轧机。

缺点：轧机刚度性差，轧制的产品厚度公差大，所以不能轧制宽度较大的产品；中辊升降机构的结构复杂，难以维修，使中辊的抬起高度受到影响；升降台的使用限制了原料的种类，不能使用重量大、厚度大的坯料，导致产品规格受到限制。一般钢板厚度 $h=4\sim25mm$，钢板宽度 $\leqslant2000mm$。

3.2.1.3 四辊可逆式轧机

表示为 $D/d×L$，D 为支撑辊直径，d 为工作辊直径，L 为辊身长度。

四辊可逆轧机有支撑辊及工作辊，并用直流电机驱动。具有二辊可逆轧制生产灵活、产量高的优点，由于有支撑辊，所以轧机刚性好、产品精度高。而工作辊直径小，使得在相同的压力下，可以增加压下量，使产量进一步提高。

这种轧机虽价格较高，但其所具有的优点，使得它在钢板生产中占据了越来越重要的地位。既能生产中厚板或特厚板，又能生产薄板或极薄板。

3.2.1.4 万能式轧机

万能式轧机是在板带一侧或两侧具有一对或两对立辊的可逆式轧机。由于立辊的存在，可以生产齐边钢板，不再剪边，降低了金属消耗，提高了成材率。但理论和实践证明，立辊轧边只是对于轧件宽厚比（B/H）值小于 60~70，例如热连轧粗轧阶段的轧制才能产生作用；对于 B/H 值大于 60~70，立辊轧边时钢板很容易产生横向弯曲，不仅起不到轧边作用，反而使操作复杂，易造成事故。而且，立辊和水平辊还难以实现同步运行，要同步又必然会增加辅助电器设备的复杂性和操作上的困难，许多学者认为"投资大、效果小、麻烦多"。

3.2.2 中厚板轧机布置形式

中厚板轧机组成一般有单机架、双机架和连续式等形式。

3.2.2.1 单机架

一个机架既是粗轧机，又是精轧机，在一个机架上完成由原料到成品的轧制过程，称为单机架轧机。单机座布置的轧机可适用任何一种厚板轧制，由于粗精轧在一架上完成，产品质量较差，轧辊寿命短，但投资省、建厂快，适用于产量要求不高对产品尺寸精度要求较宽的中型钢铁企业。

3.2.2.2 双机架轧机

双机架轧机是把粗轧和精轧两个阶段不同任务和要求分别放到两个机架上完成，其布置形式有横列式和纵列式两种。由于横列式布置因钢板横移易划伤，换辊较困难，主电室分散及主轧区设备拥挤等原因，新建轧机已不采用，全部采用纵列式布置。与单机架形式相比，不仅产量高，表面质量、尺寸精度和板形好，并可延长轧辊寿命，缩减换辊次数等。双机架轧机组成形式有四辊—四辊、二辊—四辊和三辊—四辊式三种。20世纪 60 年代以来，新建轧机绝大多数为四辊—四辊式，以欧洲和日本最多。这种形式轧机粗精轧道次分配合理，产量高，可使进入精轧机轧件断面较均匀，质量好；粗精轧可分别独立生产，较灵活。缺点是粗轧机工作辊直径大，轧机结构笨重复杂，投资增大。

3.2.2.3 连续式、半连续式、3/4 连续式布置

连续式、半连续式、3/4 连续式布置是一种多机架生产带钢的高效率轧机，目前成卷生产的带钢厚度已达 25mm 或以上，因此许多中厚钢板可在连轧机上生产。但由于用热带连轧机轧制中厚板时板不能翻转，板宽又受轧机限制，致使板卷纵向和横向性能差异很大。同时又需大型开卷机，钢板残余应力大，故不适用于大吨位船舶上作为船体板，也难满足 UOE 大直径直缝焊管用。因此，用热带连轧机生产中厚板是有一定局限性的。但由于其经济效益显著，仍有 1/5 左右中厚板用热带连轧机生产，以生产普通用途中厚板为主。另外，炉卷轧机和薄板坯连铸连轧都可用来生产部分中厚板产品。专门生产中厚板连续式轧机只有美国钢铁公司日内瓦厂 1945 年建成的 3350mm 半连续式轧机一套，用于生产薄而宽、品种规格单一的中厚板，不适合于多品种生产。因此，这类轧机未能得到大范围推广。

3.2.3 中、厚板生产工艺

中厚板生产工艺过程包括原料准备、加热、轧制和精整等工序。

3.2.3.1 原料的准备和加热

轧制中厚板所用原料可以为扁锭、初轧板坯、连铸坯、压铸坯等。发展趋势是使用连铸坯。原料的尺寸选择原则：为保证板材的组织性能应该具有足够的压缩比，因此原料厚度尺寸在保证钢板压缩比的前提下尽可能的小，宽度尺寸应尽量的大，长度尺寸应尽可能接近原料的最大允许长度。

中厚板用的加热炉有连续式加热炉、室状炉式加热炉和均热炉三种。均热炉用于由钢锭轧制特厚钢板；室式炉用于特重、特厚、特短的板坯，或多品种、少批量及合金钢的坯或锭；连续式加热炉适用于品种少批量大的生产。近年来用于板坯加热的连续式加热炉主要是推钢式和步进梁式连续加热炉两种。选择了合理加热炉型后，还要制定合理的热工制度，即加热温度、加热速度、加热时间、炉温制度及炉内气氛等，保证提供优质的加热板坯。

3.2.3.2 除鳞及成形轧制

加热时板坯表面会生成厚而硬的一次氧化铁皮，在轧制过程中还会生成二次氧化铁皮，这些氧化铁皮都要经过除鳞处理。现在，用高压水除鳞方法几乎成为生产中除鳞的唯一方式。在高压水喷射下，板坯表面激冷，氧化铁皮破裂，高压水沿着裂缝进入氧化铁皮内，氧化铁皮破碎并被吹除，达到保证成品钢板获得良好表面质量目的。除鳞后，为了消除板坯表面因清理带来的缺肉、不平和剪断时引起的端部压扁影响，为提高展宽轧制阶段板厚精度打下良好基础，需要沿板坯纵向进行 1~4 道次成型轧制。

3.2.3.3 展宽轧制

展宽轧制是中厚板粗轧阶段，主要任务是将板坯展宽到所需要宽度，并进行大压缩延伸。各生产厂操作方法多种多样，一些主要生产方法如下：

（1）全纵轧法。当板坯宽度大于或等于钢板宽度时，可不用展宽而直接纵轧出成品，称为全纵轧法。其优点是生产率高，且原料头部缺陷不致扩散到钢板长度上；但由于板在轧制中始终只向一个方向延伸，使钢中偏析和夹杂等呈明显条带状分布，板材组织和性能呈严重各向异性，横向性能（尤其是冲击韧性）常为不合格，因此这种操作方法实际用得不多。

（2）综合轧法。先进行横轧，将板宽展至所需宽度后，再转 90° 进行纵轧，直至完成，是生产中厚板最常用方法。其优点是板坯宽和钢板宽度可以灵活配合，更适宜于以连铸坯为原料的钢板生产。同时，由于横向有一定变形，一定程度上改善了钢板组织性能和各向异性，但会使产量有所降低，并易使钢板成桶形，增加切损，降低成材率。这种轧制方法也称横轧-纵轧法。

（3）角轧-纵轧法。使钢板纵轴与轧辊轴线呈一定角度送入轧辊进行轧制。送入角一般在 15°~45° 范围内，每一对角线轧制 1~2 道后，更换为另一对角线进行轧制。角轧—纵轧法优点是轧制时冲击小，易于咬入，板坯太窄时，还可防止轧件在导板上"横搁"。缺点是需要拔钢，操作麻烦，使轧制时间延长，降低了产量；同时，送入角和钢板形状难于控制，使切损增大，成材率降低，劳动强度大，难于实现自动化，故只在轧机较弱或板坯较窄时才用这种方法。

（4）全横轧法。将板坯从头至尾用横轧方法轧成成品，称为全横轧法。这种方法只有当板坯长度大于或等于钢板宽度时才能采用。若以连铸坯为原料，则全横轧法与全纵轧法一样，会使钢板组织性能产生明显各向异性；但当用初轧坯为原料时，全横轧法优于全纵轧法，这是由于初轧坯本身存在纵向偏析带。随着金属横向延伸，轧坯中纵向偏析带的碳化物夹杂等沿横向铺开分散，硫化物形状不再是纵轧的细长条状，呈粗短片状或点网状，片状组织随之减轻，晶粒也较为等轴，因而大大改善了钢板横向性能，显著提高了钢板横向塑性和冲击韧性，提高了钢板综合性能合格率；另外，全横轧比综合轧制法可以得到更整齐的边部，钢板不成桶形，减少了切损，提高了成材率；再有，由于减少了一次转钢时间，以及连续同向轧制，使产量有所提高。因此，全横轧法经常用于初轧坯为原料的厚板厂，使坯料—初轧坯—板材总变形中，其纵横变形之比趋近相等。

（5）平面形状控制轧法。是对钢板矩形化的控制，如图 3-4 所示。在除鳞及成形阶段，钢板头尾部出现舌状，侧边出现凹形（图 3-2（a））；在展宽阶段，当成形轧制压下率大，而展宽轧制压下率小的情况下，头尾部呈凹形，侧边呈凸形；反之，头尾部仍呈凹形，侧边也呈凹形（图 3-2（b））；在伸长轧制阶段，可能出现板形形状如图 3-2（c）所示。这些现象发生都是由于纵横变形不均引起的，致使轧后钢板平面形状不是矩形，造成钢板头、尾及侧边切损增加，降低成材率。为了提高成材率，涌现了多种平面形状控制轧制方法。

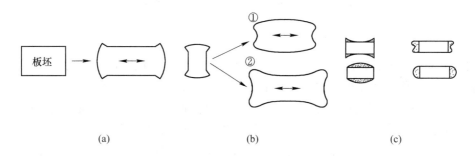

图 3-2　轧制过程平面形状变化

（a）除鳞及成形阶段；（b）展宽阶段；（c）伸长轧制阶段

1）厚边展宽轧制法（MAS）。这种方法是日本川崎制铁公司开发的，以控制辊缝开度改变轧材厚度的一种方法。原理如图 3-3 所示，虚线为未实施 MAS 钢板形状，实线为实施 MAS 以后钢板形状。它是根据每种尺寸钢板在终轧后桶形平面变化量，计算出粗轧展宽阶段坯料厚度变化量，以求最终轧出钢板平面形状矩形化，成材率提高 4.4%。

2）狗骨（Dog Bone）轧制法。与 MAS 基本原理相同，预先将坯料横截面轧成狗骨

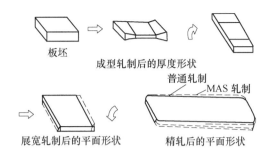

图 3-3 厚边展宽轧制法原理

状，以获得成品钢板矩形化。日本钢管公司福田厚板厂采用此法使切损减少 65%，成材率提高 2%。

3）薄边展宽轧制法。这种方法是在展宽轧制后紧接倾斜轧辊，只对板坯两侧边部进行轧制，使薄边展宽轧制板坯平面形状接近矩形，轧制过程如图 3-4 所示，工作原理如图 3-5 所示，其中图 3-5（a）和图 3-5（c）分别为未实施和已实施薄边展宽轧制后板坯板宽方向与横截面形状特征。为了实施薄边展宽轧制，如图 3-5（b）所示，需将上辊倾斜，只对影线部分进行轧制，经过两道次完成薄边展宽轧制过程。日本川崎制铁公司千叶厚板厂采用这种方法提高 1% 成材率。

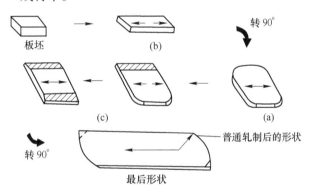

图 3-4 薄边展宽轧制示意图
（a）展宽轧制后的形状；（b）整形轧制后的形状；（c）新轧法后的形状

4）立辊轧边法。这种轧制方法原理如图 3-6 所示。板坯成形轧制后转 90°横向轧边，展宽轧制后再转 90°进行纵向轧边，然后进行伸长轧制。这种方法除了能对平面形状控制以外，还能对钢板宽度进行绝对控制，生产齐边钢板。新日铁名古屋厚板厂采用立辊轧边法使厚板成材率提高 3%，达到 96.8%。

5）咬边返回轧制法。采用钢锭作为坯料时，在展宽轧制完成后，根据设定咬边压下量确定辊缝值。将轧件一个侧边送入轧辊并咬入一定长度，停机，轧辊反转退出轧件，然后轧件转过 180°将另一侧送入轧辊并咬入相同长度，再停机轧机反转退出轧件，最后轧件转过 90°纵轧两道消除轧件边部凹边，得到头尾两端都是平齐的端部，原理如图 3-7 所示。

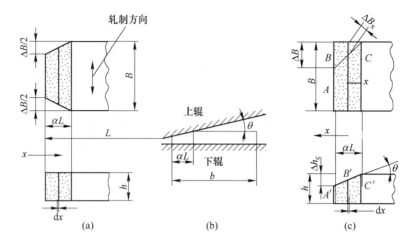

图 3-5　薄边展宽轧制工作原理

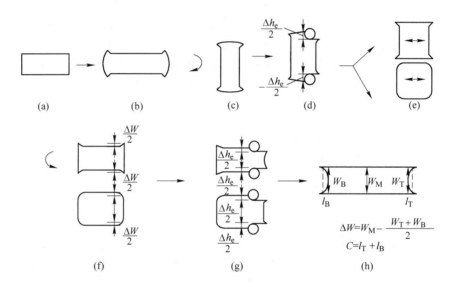

图 3-6　立辊轧边法示意图

（a）板坯；（b）成型轧制；（c），（f）转 90°；（d）横向轧边；

（e）展宽轧制；（g）纵向轧边；（h）伸长轧制

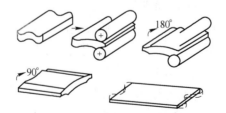

图 3-7　咬边返回法示意图

（虚线为未实施该法轧制的钢板形状）

6）留尾轧制法。该方法是我国舞阳钢铁公司厚板厂采用的一种方法。由于坯料为钢锭，锭身有锥度，尾部有圆角，致使成品钢板尾部较窄，增大了切边量。留尾轧制法工作原理如图3-8所示，钢锭纵轧到一定厚度以后，留一段尾部不轧，停机轧辊反转退出轧件，轧件转过90°进行展宽轧制，增大了尾部宽展量，减少了切损，使成材率提高4%。

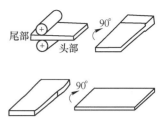

图3-8 留尾轧制法示意图

7）立辊挤头尾法。该方法是我国秦皇岛首钢板材有限公司最新发明的轧制方法。在横轧展宽至倒数第二道轧完后，启动立辊，将板坯停在立辊轧机处，使用动态立辊测量板坯长度尺寸，然后向立辊前部送钢。根据实测板坯长度及展宽比等，设定立辊压下量，并启动立辊轧机进行挤头尾轧制。挤头尾完成后，继续使用四辊轧机进行最后一道横轧。该工艺解决了窄板坯轧制宽中厚板因宽展比大而形成鼓形度的问题，达到了改善钢板平面形状，减少切损，提高成材率的目的。因我国中厚板轧机装配水平不高，生产工艺较落后，自动化控制程度低，在一段时间内尚不具备全面改造或新建高水平现代化大型中厚板轧机的能力，因此该方法尤其适用于我国现阶段的中厚板生产。

3.2.3.4 伸长轧制

板坯转回某一角度继续轧制达到成品钢板厚度、质量目标的轧制过程称为伸长轧制。其目的是质量控制和轧制延伸，通过板形控制、厚度控制、性能控制及表面质量控制等手段生产出板厚精度高、同板差小、平坦度好及具有良好综合性能的钢板。伸长轧制又分为采用较大压下量的延伸轧制和在末尾几个道次控制板形轧制两个组成部分。

3.2.3.5 精整及热处理

该工序包括钢板轧后矫直、冷却、画线、剪切或火焰切割、表面质量和外形尺寸检查、缺陷修磨、取样及试验、钢板钢印标志及钢板收集、堆垛、记录、判定入库等环节。

为使板形平直，钢板在轧制以后必须趁热进行矫直，热矫直机一般在精轧机后，冷床前。热矫直机已由二重式进化为四重式，四重式矫直辊沿钢板宽度方向由几个短支撑辊支撑矫直辊，以防止矫直力使矫直辊严重挠曲。冷矫直机一般是离线设计的，它除了用于热矫直后补充矫直外，主要用于矫直合金钢板，因为合金钢板轧后往往需要立即进行缓冷等处理。

矫直后钢板仍有很高温度，在送往剪切线之前，必须进行充分冷却，一般要冷却到150~200℃。圆盘式及步进式冷床冷却均匀，且不损伤板表面，近年来趋于采用这两种冷床。中厚板厂在冷床后都安装有翻钢机，其作用是为了实现对钢板上下表面质量检查，是冷床系统必备工艺设备。但此方法虽可靠却效率低，同时又是在热辐射条件下工作，工作环境差。现在已有厂家在输送辊道下面建造地下室进行反面检查。

钢板经检查后进入剪切作业线，首先进行划线，即将毛边钢板剪切或切割成最大矩形之前应在钢板上先划好线，随后切头、切定尺和切边。圆盘剪目前一般用于最大厚度为20mm钢板，适用于剪切较长钢板；新设计现代化高生产率厚板车间，大都采用双边剪，剪切厚度达 40~50mm 钢板。日本采用一台双边剪与一台横切剪紧凑布置的所谓"联合剪切机",不仅大大节约了厂房面积（仅需传统剪切线的 15%），而且可使剪切过程实现高度自动化。

因钢板牌号和使用技术要求的不同,中厚钢板热处理工艺也不一样。常用热处理方法有正火、退火及调质。正火处理以低合金钢为主,通常锅炉和造船用钢板正火温度为 850~930℃,冷却应在自由流通空气中均匀冷却,如限制空气流通,会降低其冷却速度,达不到正火目的,有可能变为退火工艺；如强化空气冷却速度,有可能变成风淬工艺。正火可以得到均匀细小晶粒组织,提高钢板综合机械性能。退火目的主要是消除内应力,改善钢板塑性；调质处理主要是用淬火之后中温或高温回火取得较高强度和韧性的热处理工艺。

3.3　热轧薄板带钢生产

3.3.1　热连轧带钢生产

热轧板带钢广泛用于汽车、电机、化工、造船等工业部门,同时作为冷轧、焊管、冷弯型钢等生产原料,其产量在钢材总量所占比重最大,在轧钢生产中占统治地位。在工业发达国家,热连轧板带钢占板带钢总产量的 80% 左右,占钢材总产量的 50% 以上。我国已建成及正在建设的宽带钢热连轧机约达 16 套,年生产能力达到 4000 万吨以上。

自 1924 年第一套带钢热连轧机（1470mm）问世以来,其发展已经历了三代。20 世纪 50 年代以前是热连轧带钢生产初级阶段,称为第一代轧机,主要特征是轧制速度低、产量低、坯重轻、自动化程度低；20 世纪 60 年代,美国首创快速轧制技术,使带钢热连轧进入第二代,其轧制速度达 15~20m/s,计算机、测压仪、X 射线测厚仪等应用于轧制过程,同时开始使用弯辊等板形控制手段,使轧机产量、产品质量及自动化程度得到进一步提高；20 世纪 70 年代,带钢热连轧发展进入第三代,特点是计算机全程控制轧制过程,轧制速度可达 30m/s,轧机产量和产品质量达到新的发展水平。特别是近十年来,随着连铸连轧紧凑型、短流程生产线的发展,以及无头轧制的发展,极大地改进了热轧生产工艺。

3.3.1.1　传统工艺流程

A　带钢热连轧机类型

一套带钢热连轧机由 2~6 架粗轧机和 6~8 架精轧机组成,由于精轧机组的组成和布置变化不大,带钢热连轧机类型普遍以其粗轧机组轧机架数和布置来区分。

（1）全连续式带钢热连轧机。粗轧机组有 4~6 架轧机,串列式布置,每架轧机轧制一道,无逆轧道次。一般前几架次因为轧件较短,厚度较大,难以实现连轧,不进行连轧,后面两架采用近距离布置构成连轧,立辊是为了控制宽度。现代连轧机流程合理,产量大,但轧机架数多,投资大,生产线及厂房较长,适合于单一品种、大规模生产热轧带钢生产。

（2）半连续式热轧带钢连轧机。粗轧机只有两架轧机,有两种形式：不可逆二辊+可逆四辊万能或叫逆二辊+可逆四辊万能。后一种相当于双机架中厚板轧机,可设置于中板生产线,既生产板卷,又生产中板。上述两种半连续式共同特点是粗轧阶段有逆轧道次,轧机产量不高。但由于机架少,厂房短,投资少,且粗轧道次和压下量安排灵活,适用于产量要求不高,品种范围较宽的情况。

(3) 3/4 连续式热带钢连轧机。粗轧机由四架轧机组成:第一架为不可逆式二辊轧机,第二架为可逆四辊万能轧机,第三、四架为近距离布置构成连轧关系的不可逆式轧机。即粗轧机组仅有一架是可逆轧机,其余三架均为不可逆轧机,称为 3/4 连轧。这种热带钢连轧机比全连轧机架数少,厂房短,投资少 5%~6%,产量达 400 万吨/年,同时具有半连轧生产的灵活性和产品范围宽的特点,故得到广泛采用。

(4) 空载返回连续式。这种连续式与全连续式区别在于轧机都是可逆的,只有当粗轧机架发生故障或损坏时才采用。

美国多采用全连轧方式,日本多为 3/4 连轧,我国武钢、宝钢和本钢的热带轧机也是 3/4 连轧。

B 生产工艺流程

一般工艺流程:原料准备→板坯加热→粗轧→精轧→冷却→卷取→精整。

(1) 原料准备应根据板坯技术条件进行,缺陷清理后局部深度在 8mm 以内,常用原料有初轧板坯和连铸板坯。

(2) 板坯加热应以保证良好塑性并易于加工为目的,随着对板带材质量性能要求的提高,加热温度现多取下限加热温度进行,可使原始奥氏体晶粒较小,轧后板带组织性能良好,精度高,同时还能节约能源。加热炉一般为 3~5 座连续式或步进式。

(3) 板坯粗轧有两个成形过程:一是压下,二是轧边。粗轧压下量受精轧前端飞剪剪切板料尺寸限制,一般要轧制 40mm 以下,延伸系数可达 8~12。轧边也称侧压,通过立辊轧制完成,轧边不仅仅是为了齐边,同时还用于除鳞,所以要有足够侧压量,一般大立辊轧机在较厚板坯上能一次侧压 50~100mm,轧边压下量一般为 12.7mm 左右;飞剪是为便于精轧机咬入,把轧件头部剪成 V 形或弧形。

进入精轧机轧件已充满整个机组,使带钢同时在一组轧机上进行连轧,其中任何一架轧机工艺参数及设备参数发生波动都会对连轧过程发生影响,因此精轧机组自动化和控制水平很高;从精轧末架轧出的带钢,在由精轧机输送辊道输送到卷取机过程中进行水冷,以控制输送过程中的组织转变。实验证明,采用低压力大水量冷却系统使水紧贴于带钢表面形成层流可获得较好冷却效果;冷却到一定温度后进入卷取机进行卷取,卷取时钢卷在缓冷条件下发生组织变化,可得到要求的性能;卷取后钢卷经卸卷小车、翻钢机和运输链运送到钢卷仓库,作为冷轧原料或热轧成品卷出厂,或继续进行精整加工。精整加工机组有纵切机组、横切机组、平整机组、热处理炉等。精整加工后的钢板和窄带等经包装后出厂。

C 车间平面布置

热连轧薄板带钢车间平面布置主要因粗轧机组而不同,某公司 1700 热连轧带钢车间如图 3-9 所示。该车间具有三个与热轧跨间平行的板坯仓库跨间,三座六段连续式加热炉,轧机为 3/4 连续式,精轧机 7 架。该车间所用原料为初轧坯或连铸板坯,板坯尺寸为 (150~250)mm×(800~1600)mm×(3800~9000)mm,最大坯质量为 24t,以生产碳素钢为主，并能生产低合金钢、硅钢等。生产成品带钢厚度为 1.2~20mm，宽度 750~1550mm，轧机设计年生产能力 300 万吨。

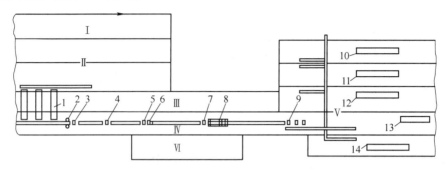

图 3-9　1700 热连轧带钢车间布置简图

Ⅰ—板坯修磨间；Ⅱ—板坯存放场；Ⅲ—主电室；Ⅳ—轧钢跨；Ⅴ—精整跨；Ⅵ—轧辊磨床
1—加热炉；2—大立辊轧机；3—二辊不可逆轧机；4—四辊可逆轧机；5—四辊轧机（交流）；
6—四辊轧机（直流）；7—飞剪；8—精轧机组；9—卷取机；10~12—横剪机组；
13—平整机组；14—纵剪机组

3.3.1.2　热轧薄板带直接轧制工艺

为了节约热能消耗，热装工艺（D-HCR）首先被采用。所谓热装就是将连铸坯或初轧坯在热状态装入加热炉，热装温度越高，节能越多。20 世纪 70 年代，直接轧制技术（HDR）被广泛使用。所谓直接轧制是指板坯连铸或初轧之后不再进入加热炉加热，只略经边部补偿加热直接进行轧制。采用直接轧制比传统轧制方法节能 90% 以上，初轧坯直接轧制工艺（IH-DR）于 1973 年在日本实现。随着连铸技术在世界上许多钢铁生产国迅速普及，以及第一次世界石油危机的出现，1981 年 6 月，日本率先实现连铸坯直接轧制工艺（CC-DR）。CC-DR 生产程序非常简单，只包含连铸和轧制两个过程。连铸设备距离氧气顶吹转炉 600m，钢水由钢包车运输，经 RH 处理后由双流连铸机铸坯。切割后坯料由边部温度控制设备 ETC（感应加热装置）加热以补充其边部热量损失，然后通过回转机构输送至轧制线。板坯通过立式除鳞机（VSB）时，最多经过 5 个除鳞道次，最大可减少板坯宽度 150mm。经过粗轧机组轧制，使板坯厚度从 250mm 减少至 50~60mm。板坯边部由使用煤气烧嘴局部加热器 EQC 加热后送往精轧。直接轧制可节能 85%；由于减少烧损和切损，可提高成材率 0.5%~2%；简化生产工艺过程，减少设备和厂房面积，节约基建投资和生产费用。由于不经加热而使表面质量得到提高。

1984 年日本实现了宽带钢的 CC-DR 工艺。由于钢铁企业的连铸机一般与轧钢机相距较远，远距离 CC-DR 工艺近年来已被成功地开发应用。图 3-10 八幡厂的远距离 CC-DR 工艺流程图。该厂连铸机距热连轧机 620m，采用高速保温车输送铸坯，火焰式边部加热器控制铸坯边部温度，实现了远距离 CC-DR 工艺。

3.3.1.3　薄板连铸连轧工艺

所谓薄板坯指普通连铸机难以生产的，厚度在 60mm（或 80mm）以下，且可以直接进入热连轧机精轧机组轧制的板坯。1987 年 7 月，美国纽柯（Nucor）公司率先完成以废

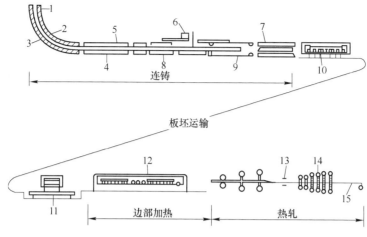

图 3-10 远距离 CC-DR 工艺

1—结晶器；2，7—板坯；3—喷雾冷却；4—连铸机内保温；5—通过液芯加热表面；6—火焰切割；
8—切割前保温；9—切割后保温；10—保温车；11—旋转台；12—边部加热系统；
13—辊道保温装置；14—热轧机；15—层流冷却及卷取

钢、电炉、薄板坯连铸连轧生产热带钢的工艺过程，也称为短流程轧制工艺（CSP）
（Compact Stripe Production），如图 3-11 所示。该工艺由电炉炼钢，采用钢包冶金和保护浇
铸，以 4~6m/min 速度铸出厚 50mm 宽 1371mm 的薄板坯，经过切断后，通过一座长达
64m 的直通式补偿加热炉，直接进入 4 架四辊式连轧机轧制成厚为 2.5~9.5mm 的钢带。
由于该工艺用废钢代替生铁，50mm 厚薄连铸坯取消了轧机粗轧机，精轧机架数也减少至
4 个机架，使薄板坯连铸连轧建设投资减少约 3/4。由于连铸坯全部直接轧制，可节约能
源 60%，提高生产率 6 倍，被称为钢铁工业的一次革命。

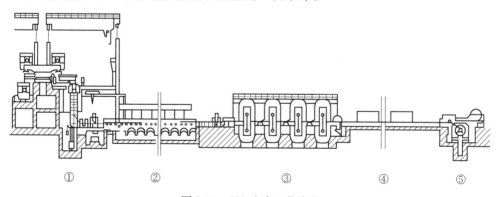

图 3-11 CSP 生产工艺流程

①—薄板坯连铸机；②—隧道式加热线；③—热带钢精轧机；④—层流冷却线；⑤—地下卷取机

曼内斯曼-德马克冶金技术公司（MDH）发展了薄板坯连续铸轧工艺（ISP）（In Line
Stripe Production）。该工艺可生产连铸薄板坯厚度为 120~10mm，最大宽度达 2800mm。
MDS 公司与意大利丹涅利（Finarvadi）公司于 1991 年在意大利建立了该生产线，如图
3-12 所示。该厂设计年产量为 50×10^4 t 优质碳钢和不锈钢，单流结晶器规格为（650~
1330）mm×（60~80）mm，出连续铸轧机组的产品尺寸为（650~1330）mm×（15~25）mm，

最大铸速为 6m/min，板卷最大质量 26.6t。精轧后带钢尺寸为 1.7~12mm。与一般厚板坯相比，薄板坯晶粒非常细。该工艺设有新型浸入式水口的连铸结晶器；连铸时可以带液心压下和软心（半）凝固压缩，板坯足够薄，或直接进行热卷取；设有新型热卷取箱，利用热板卷进行输送保温，节能、节材、效益显著。

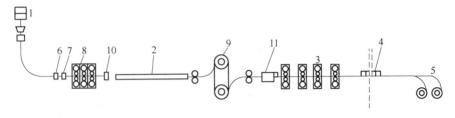

图 3-12　ISP 生产工艺流程

1—连铸；2—感应均热炉；3—精轧机；4—层流冷却；5—卷取机；6—矫直；7—边部加热；
8—轧机；9—热卷取机；10—切断机；11—除鳞

至今全世界已建成和在建中薄板坯连铸连轧轧机约 38 套，其工艺发展已进入第三代。特征是与传统流程嫁接，实现长流程连续生产，用高炉—转炉更纯净的钢水作原料，以小于等于 1mm 薄规格产品为目标，终轧产品越来越薄，将继续进一步代替冷轧产品。同时不断开发新工艺，大大降低生产超薄带成本，使薄板坯连铸连轧技术更具有市场竞争力。该生产工艺发展趋势是用薄板坯连铸连轧技术生产超薄带钢，进一步取代冷轧产品，大大降低生产成本。我国珠江钢厂 1700mm 薄板坯连铸连轧生产线于 1999 年 8 月投产，其后邯钢、包钢陆续建成该生产线。

3.3.2　中小企业薄板带钢生产

高速连铸连轧方法是当前板带生产的主要方向，但不是唯一的。宽带钢轧机投资大，建厂慢，生产规模太大，受到资源等条件限制，在竞争中不如中小轧机灵活。随着废钢日益增多和较薄板坯铸造技术的提高，中小型企业板带生产又日益得到重视和发展。

3.3.2.1　炉卷轧机

炉卷轧机采用 1~2 机架可逆轧制多道次，轧机前后设有卷取炉。粗轧阶段为单片轧制，将板坯厚度轧至大于等于 25mm；精轧阶段，厚度小于 25mm 轧件出轧机后，进入卷取炉边轧边卷，可保证带钢温度均匀，如图 3-13 所示。该轧机主要优点是轧制过程中可以保温，因而可用灵活的道次和较少的设备投资（与连轧相比）生产出各种热轧板卷，适于生产批量不大而品种较多的，尤其是加工温度范围较窄的特殊钢带。缺点是因氧化铁皮和轧辊表面粗糙影响带钢表面质量。但现代炉卷轧机除汽车外板和镀锡原板等对表面质量要求特别高的产品外，均能生产；现代炉卷轧机收得率可达 96%~97%（连轧机≥98%）。目前世界上仍有约 20 台轧机在生产。

炉卷轧机按布置形式，主要有 1 架带立辊可逆式四辊粗轧机+1 架前后带卷取炉可逆式四辊精轧机组成的 2 机架带钢炉卷轧机；双机架前后带卷取炉，中间设立辊串列布置可逆式四辊粗轧机组成的双机架炉卷轧机。这两种轧机都用于生产碳素钢或不锈带钢；还有

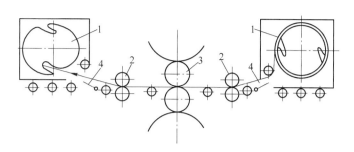

图 3-13　炉卷轧机轧制示意图
1—卷取机；2—拉辊；3—工作辊；4—升降导板

1 架机前带立辊，前后带卷取炉的可逆式四辊粗、精轧机。该轧机适用于生产钢板和钢板卷。

3.3.2.2　行星轧机

行星轧机是一种特殊轧机，最早工业性轧机于 1950 年在法国正式建成，迄今国外行星轧机约有 30 余台，主要分布于美国、加拿大、英国、日本等国家，可生产板带宽度达 1780mm。国内自 20 世纪 60 年代以来相继建立约 10 台行星轧机，从辊系结构上可以分为双行星轧机和单行星轧机两种形式。

（1）双行星轧机。从结构上看，双行星轧机由上下两个直径较大的支承辊和围绕支承辊的很多对小直径工作辊组成。工作辊轴承分别嵌镶在位于支撑辊两侧轴承座圈套内，两个支承辊由主电机驱动，其转动方向与轧制方向一致。工作辊一方面随座圈围绕支承辊作行星式公转，另一方面又靠其与支承辊间摩擦进行自转。森吉米尔型、普拉茨尔式以及钳式行星轧机都属于双行星轧机。从应用情况看，由于设备复杂，生产事故多，作业率低，能够正常使用的很少。

（2）单行星轧机。单行星轧机只采用一个行星辊与另一个平辊进行轧制。为克服双行星轧机弱点，日本从 20 世纪 50 年代开始研制单行星辊轧机。国内外生产和实践证明，单行星辊轧机与双行星辊轧机比较，主要优点是取消了上下行星辊的同步系统，由于同步系统失调而造成的事故可以根本消除。

3.3.2.3　新技术新工艺

（1）热带无头轧制技术。日本川崎钢铁公司千叶厂于 1996 年 3 月新建的 2050 热轧带钢轧机上成功应用了热带无头轧制技术，并于 1996 年 10 月在世界上首次轧制出 0.8mm 热轧带钢，现已生产出 0.76mm 热轧带钢。该工艺是针对宽带钢轧机开发的。所谓无头轧制是在传统的热轧带钢轧制线上，采用中间坯热卷取箱、中间坯对焊机及精轧后带钢高速飞剪技术，实现精轧机组多块中间坯连续轧制，卷取机前切分卷取的新工艺。实践证明，无头轧制技术能稳定生产常规热轧方法不能生产的宽薄带钢及超薄热轧带钢，并能应用润滑轧制及强制冷却技术生产具有新材料性能的高新技术产品。

（2）热带钢半无头轧制技术。热带钢半无头轧制技术是将中间坯焊接，然后通过精轧机连续轧制，在进入卷取机之前用一台高速飞剪将其切分到要求卷重。

该工艺可以应用于薄板坯连铸连轧生产线。SMS 公司推出了生产热轧超薄带为主的薄板坯连铸连轧生产线，这一生产线已在 Thyssen-Krupp 公司投产，连铸薄板坯不剪断进入隧道式加热炉，铸坯经均热后进入 7 机架连轧机组轧制成材。该生产线生产高强钢最小厚度为 1.2mm，低碳钢可达 0.8mm。半无头轧制技术利用连铸坯较长的特点，减少了穿带过程产生的带钢温度降低、厚度不易控制和生产不稳定等问题。

（3）Pony 轧制技术。由于超薄带产品利润较高，国内外都在研制其他投资小的生产方法。Pony 轧制就是一种新型超薄带轧机，是带有前后卷取机的单机架轧机。主要特点是带有感应加热和高精度板形控制系统，可以保证生产带钢温度和尺寸精度。

（4）热轧润滑技术开发与应用。由于在同样条件下高速钢轧辊的应用会使轧制力增加 10% ~ 20%，要减少轧制力，保证设备负荷，热轧润滑是最有效的手段。在轧件进入辊缝之前，向轧件表面喷涂润滑剂，形成润滑膜，虽然油膜与轧辊接触时间只有百分之几秒，但在油膜烧掉之前可以起到润滑作用，可以降低轧辊与轧件间摩擦系数，降低轧制力和能耗；减少轧辊消耗和储备，提高作业率；减少氧化铁皮压入，改善辊表面状态。采用热轧润滑，每个机架每年大约可降低成本 20 万美元，考虑到带钢表面质量的提高及酸洗生产率的提高，在抵消设备投资和设备维护成本后，其经济效益很明显。因此，日本、欧洲等工业先进国家板带热连轧机几乎都在使用热轧润滑技术。

（5）薄带连续铸轧技术。自 1857 年开始，薄带连续铸轧技术经历了坎坷历程，目前正处于试验研究接近成品形状的薄带连铸高潮，工业化生产指日可待。由新日铁和三菱重工共同开发的世界首套带钢连铸机已于 1998 年开始工业化生产。钢水可直接铸成厚 2 ~ 5mm，宽 700 ~ 1330mm 的不锈钢带，铸速达 20 ~ 75m/min，生产线长仅 68.9m。

3.4　冷轧板、带钢生产工艺

当薄板带材厚度小到一定程度时，由于保温和均温的困难，很难实现热轧，并且随着钢板宽厚比值增大，在无张力热轧条件下，要保证良好板形也非常困难。采用冷轧方法可以很好地解决这些问题。冷轧板带材因其产品尺寸精确，性能优良，产品规格丰富，生产效率高，金属收得率高等特点，从 20 世纪 60 年代起得到突飞猛进的发展。冷轧板带材主要产品有：碳素结构钢板、合金和低合金钢板、不锈钢板、电工钢板及其他专业钢板等，已被广泛应用于汽车制造、航空、装饰、家庭日用品等各行业领域。由于各行业对薄板带质量和产量要求的不断提高，冷轧薄板带材发展步伐较热轧更快。

3.4.1　冷轧板、带钢生产工艺特点

20 世纪 60 年代以前，全世界共建 223 套冷轧机，设备生产能力约 6000 万吨/年，除美国冷连轧机较多以外，其他各国多靠单机生产，它们是第一代冷轧机；到 1972 年 10 月，冷连轧机发展迅猛，全世界冷连轧能力达 1.2 亿吨/年，约占冷轧能力 80%，它们是第二代冷轧机；1972 年以后，由于冷轧规模已基本形成，轧机兴建以高精度轧机为主，它们是第三代冷轧机，具有液压压下，自动化操作，板形控制系统，动态变规格完全连续式轧制等特点。现代冷连轧机轧制速度已达 41.6m/s，轧辊宽度达 2337mm。

用于冷轧生产通常分为单机架可逆式冷轧机和冷连轧机组，单机架生产规模小，一般年产 10 万~30 万吨，调整辊型困难等，但它具有设备少、占地面积小、建设费用低、生产灵活等特点，因此目前世界上单机架可逆式冷轧机仍保有 260 多台。世界各国研制开发冷轧机类型很多，应用较广的现代冷轧机有：四辊可逆式带钢轧机、HC 轧机、PC 轧机、MKW（偏八辊）轧机、森吉米尔轧机（Sendzimir mill）等。单机架可逆式冷轧机采用二辊、四辊、多辊等辊系的轧机，二辊冷轧机一般仅作为平整机使用。多机架连续式带钢冷轧机简称冷连轧机组，世界上共有 200 多套。有三机架冷连轧机、四机架冷连轧机、五机架冷连轧机、六机架冷连轧机等形式。

现代冷轧生产方法为全连续式（见图 3-14），可分成三类：

（1）单一全连续轧机。冷轧带钢不间断轧制，宝钢 2030mm 冷轧厂属该种形式。

（2）联合式全连续轧机。将单一全连轧机与其他生产工序机组联合，如与酸洗机组联合与退火机组联合等。

（3）全联合式全连续轧机，全部工序联合起来。

到 2000 年，我国已建成 8 套冷连轧机，6 套单机架可逆冷轧机。主要生产碳素冷轧板卷及涂镀层板卷；并建成 11 套多辊冷轧机，生产电工钢及不锈钢冷轧板卷。

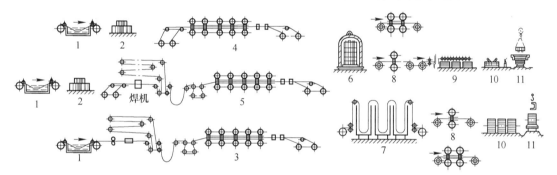

图 3-14 现代冷轧生产方法

1—酸洗；2—酸洗板卷；3—酸洗轧制联合机组；4—双卷双拆冷连轧机；5—全连续冷轧机；6—罩式退火炉；
7—连续退火炉；8—平整机；9—自动分选横切机组；10—包装；11—交库

3.4.1.1 冷轧中产生不同程度的加工硬化

与热轧板带生产工艺相比，冷轧板带轧制工艺特点主要表现在以下三方面。

A 加工硬化对轧制过程影响显著

冷轧过程中，轧后金属晶粒被破碎，但由于轧制温度低，晶粒不能在轧制过程中产生再结晶回复，产生加工硬化，变形抗力增大，塑性降低，容易产生破裂。在这种情况下若继续进行轧制，为克服由于加工硬化导致的增大的变形抗力，轧制压力必须相应提高；再继续，变形抗力继续增大，塑性继续降低，脆裂可能性更大，如此反复。当钢种一定时，冷轧变形量大小直接影响着加工硬化剧烈程度，当变形量达到一定值，加工硬化超过一定程度后，一般不能再继续轧制，否则会轧出废品。因此在冷轧时制定压下规程，决定变形量，必须知道金属加工硬化程度。一般在冷轧过程中，当具有 60%~80% 总变形量后，必须通过再结晶退火或固溶处理等方法对轧材进行软化热处理，使之恢复塑性，降低变形抗力，以利于继续轧制。生产过程中完成每次软化热处理之前完成的冷轧工作通常称为一个"轧程"。在一定轧制条件下，钢质越硬，成品越薄，所需的轧程越多。由于退火使工序增加，流程复杂，并使成本大大提高，而多次退火也不会对一般钢种最终性能产生多大影响（除非特殊要求钢种，如硅钢）。因此一般希望能在一个轧程内轧出成品厚度，以获得最经济生产过程。

由于加工硬化，成品冷轧板带材在出厂之前一般需要进行一定的热处理，使金属软化，全面提高冷轧产品综合性能，或获得所需特殊组织和性能。

B　冷轧中采用工艺冷却与工艺润滑（工艺冷润）

冷轧过程中，由于金属变形及金属与轧辊间摩擦产生的变形热及摩擦热，使轧辊及轧件都会产生较大温升。辊面温度过高会引起工作辊淬火层硬度下降，并有可能促使淬火层内发生残余奥氏体组织分解，使辊面出现附加组织应力，甚至破坏轧辊，致使轧制不能正常进行；另外，辊温反常升高及分布或突变均可导致辊形条件破坏，直接有害于板形与轧制精度。轧件温度过高，会使带钢产生浪形，造成板形不良，一般带钢正常温度希望控制在 90~130℃。但实际生产中温度很容易高于 200℃，出现这种情况应停止生产。为了不使辊和轧件温度过高，并获得良好温度分布，冷轧时要用正确冷却与润滑方法进行轧制。

（1）工艺冷却。实践与理论研究表明，冷轧板带钢变形功约有 84%~88% 转变为热能，使轧件与轧辊温度升高。变形发热率又正比与轧制平均单位压力、压下量和轧制速度，因此为保持正常轧制，必须加强冷轧过程中的冷却。水是比较理想的冷却剂，与油相比，水的比热比油大约一倍，热传导率为油三倍多，挥发潜热为油十倍以上。因此水比油有优越的吸热性能，且成本低廉，大多数轧机采用水或以水为主要成分的冷却剂。只有某些特殊轧机，如 20 辊箔材轧机，由于工艺冷却与轧辊轴承润滑共用一种物质才采用全部油冷，此时为保证冷却效果，需要供油量足够大。应该指出，水中仅含百分之几的油类就会使吸热能力约下降三分之一，因此，轧制薄规格产品高速冷轧机冷却系统往往是以水代替水油混合液（乳化液），以显著提高冷却能力。

增加冷却液在冷却前后温度差也是充分提高冷却能力的重要途径。在老式冷轧机冷却系统中，冷却液只是简单地喷浇在轧辊和轧件之上，因而冷却效果较差。现代冷轧机采用高压空气将冷却液雾化，或者采用特制高压喷嘴喷射，大大提高了吸热效果，并节省冷却液用量。因为冷却液在雾化过程中本身温度下降，产生的微小液滴在碰到温度较高的辊面或板面时往往即时蒸发，借助蒸发潜热吸走热量，使整个冷却效果大为改善。但在采用雾化冷却技术时一定要注意解决机组有效通风问题，以免恶化操作环境。另外，现代冷轧冷却已远远不是单纯为了降温，往往与板形控制相结合，冷却过程要控制板带温度分布，以获得板形良好的高精度板带材。

（2）工艺润滑。轧制过程进行润滑可以降低轧辊与轧件间摩擦力，从而降低轧制压力，不仅有助于保证实现更大压下，而且还可使轧机能够经济可行地生产规格更小产品。此外，采用有效工艺润滑，直接对冷轧过程发热率以及轧辊温升起到良好影响；在轧制某些产品时，采用工艺润滑还可以起到防止金属黏辊作用。实践证明，使用润滑剂后，可使单位压力减少 25%~30%，轧制道次减少 24%~44%。通常润滑方式有两种：一是靠近轧辊辊身安装润滑油管，沿辊身有效长度均匀分布若干小油孔，此法多用于生产量不大的非可逆小型冷轧机；二是用泵将大量润滑剂循环喷射到轧辊上进行润滑和冷却，现代冷轧机多用此法。

冷轧板带常用的润滑剂有棕榈油等天然油脂、矿物油以及乳化液。天然油脂润滑效果优于矿物油，是由于在分子构造与特性上有质的差别所致。因此，用天然油脂作为润滑剂时其最小可轧厚度优于用矿物油作润滑剂。生产实际表明，在现代冷轧机上轧制厚度在0.35mm 以下白铁皮、变压器硅钢板以及其他厚度较小而钢质较硬品种时，在接近成品一、二道次中必须采用润滑效果相当于天然棕榈油的工艺润滑剂，否则，即使增加道次也难以轧制出所要求产品厚度。棕榈油虽然润滑效果好，但来源短缺，成本昂贵，不可能被广泛应用。事实上，使用其他天然油脂，只要配制适当，也可达到接近棕榈油的润滑效果。例如，一些冷轧机用棉籽油生产冷轧硅钢板和白铁皮，效果良好；用豆油或菜籽油甚至氢化葵花籽油也同样能满足要求；国外有些工厂还使用一些以动植物为原料经过聚合制成的组合冷轧润滑剂，即"合成棕榈油"，其润滑效果甚至优于天然棕榈油。

矿物油化学性质比较稳定，不像动植物油那样容易酸败，而且来源丰富，成本低廉。如果能设法使其润滑性能达到天然油脂，则采用矿物油为润滑剂是冷轧工艺润滑的重要发展方向。纯矿物油润滑剂缺点是所形成的油膜比较脆弱，不能承受冷轧中较高的单位压力。当然与植物油一样，也可以研制出"合成矿物油"，以提高润滑能力。

为了提高润滑性能，常在润滑油中添加极压剂和油性强化剂后使用。油性剂可以使金属表面有取向地吸附极性基形成油性薄膜而防止与金属表面直接接触，达到减少摩擦的效果；极压剂可以因金属摩擦面上的摩擦热和变形热产生热分解，并与金属产生化学反应，生成热稳定润滑膜。

润滑油通常以百分之几浓度与水混合成乳化液的状态使用。一般是15% ~ 25%可溶性油，75% ~ 85%水和少量无水碳酸钠配制成混合乳状润滑剂。冷轧中采用乳化液，同时具有润滑和冷却作用，节约用油量，并且使用后可以回收再利用，因此得到广泛使用。但轧制过程中轧件不断受到金属碎屑、氧化铁皮碎末等污染，净化是一大难题。近年来发展了一种采用离心分离与磁性分离相结合的高效净化系统，并且采用自动反冲式过滤器，当滤网因堵塞出现两面压差较大时采用蒸汽反冲排污，大大提高了乳化液净化效率。

轧制时采用不同的润滑剂轧制效果明显不同。当冷轧机工作辊直径为 ϕ88mm，带钢原始厚度为 0.5mm，用水做工艺润滑剂时，带钢厚度轧至约 0.18mm 时就难于再轧薄。采用棕榈油作润滑剂时，则可用 4 道轧至 0.05mm 厚度。为便于比较各种工艺润滑剂的润滑轧制效果，设棕榈油的润滑效果为 100，润滑性能较差的水作为零。

典型五机架冷连轧机共有三套冷润系统，对厚度为 0.4mm 以上产品，第一套为水系统，第二套为乳化液系统，第三套为清净剂系统。由酸洗线送来原料板卷表面上已涂上一层油，足够供连轧机第一架润滑用，故第一架用普通冷却水即可；中间各架采用乳化液系统；末架可喷清洗剂以清除残留润滑油，使轧出成品带钢不经电解清洗可不出现油斑，这种产品有"机上净"板带之称。

C 冷轧中采用张力轧制

冷轧过程中，特别是在成卷冷轧带钢（包括平整）轧制过程中，实行"张力轧制"

是冷轧过程的一大特点。

（1）张力轧制。所谓"张力轧制"是指轧件在轧辊中辗轧变形是在一定前张力与后张力作用下进行。习惯上把作用方向与轧制方向相同的张力称为前张力，作用方向与轧制方向相反的张力称为后张力。对于单机可逆式轧机，所需张力由位于轧机前后的张力卷筒提供，连续式冷连轧机各机架之间张力则依靠控制各机架轧制速度产生。

带材在任意时刻的张应力 σ_z 为

$$\sigma_z = \sigma_{z0} + \frac{E}{l_0} \int_{t_0}^{t_1} \Delta v \mathrm{d}t$$

张力 Q_z 为：

$$Q_z = A\sigma_{z0} + \frac{AE}{l_0} \int_{t_0}^{t_1} \Delta v \mathrm{d}t$$

式中　　l_0——带材上 a、b 两点间的原始距离；

　　　　σ_{z0}——带材原始张应力；

　　　　Δv——b 点速度与 a 点速度之差；

　　t_0，t_1——对应于 a、b 两点的轧制时刻；

　　　　E——带材的弹性模量；

　　　　A——带材横截面积。

（2）张力作用。

1）自动调节带钢横向延伸，使之均匀化，从而起到纠偏作用。在张力作用下，若轧件出现不均匀延伸，则沿轧件宽度方向的张力分布将会发生相应变化。延伸大的一侧张力自动减小，延伸小的一侧张力自动增大，结果使横向延伸作用是瞬时反应的，同步性好，无控制时滞。在某些情况下完全可以代替凸形辊缝法与导板夹逼法，使轧件在基本上平行的辊缝中轧制时，仍有可能保证稳定轧制，有利于轧制更精确产品，并可简化操作。张力纠偏缺点是张力分布改变不能超过一定限度，否则会造成裂边、轧折甚至引起断带。

2）使所轧带材保持平直和良好板形。当未加张力轧制时，不均匀延伸将使轧件内部出现分布不均匀的残余应力，易引起轧件板形不良。加上张力后，由于轧件不均匀延伸将会改变沿带材宽度方向的张力分布，而这种改变后的张力分布反过来又会促进延伸均匀化，大大减轻了板面出现浪皱的可能，有利于保证良好板形，保证冷轧正常进行。当然，所加张力大小也不应使板内拉应力超过允许值。

3）降低轧制压力，便于轧制更薄产品。由于张力存在，改善了金属流动条件，有利于轧件延伸变形，势必会降低轧制压力，这是轧制更薄产品的重要条件。因为在大轧制压力条件下，轧辊辊面弹性压扁很大，自然会减少轧件最小可轧厚度，使轧件难于轧薄。所以对于轧制薄带钢来说，张力是不可缺少的条件。实践证明，后张力减少单位压力的效果较前张力更为明显。较大的后张力可使单位压力减少35%，前张力仅能达20%。因此，在可逆式冷轧机上通常采用后张力大于前张力的轧制方法，同时还可以减少断带可能性。

4）可以起适当调整冷轧机主电机负荷的作用。当轧制高强度带钢时，有时会出现主电机能力不足现象，在这种情况下，可以采用前张力大于后张力轧制方法，不仅有利于变形，还可以防止松卷。

（3）张力选取。生产中张力选择主要是指平均单位张力 $\overline{\sigma_z}$ 的选择。从理论上讲，$\overline{\sigma_z}$ 应当尽量选高一些，但不应超过带材屈服极限 σ_s。实际上，$\overline{\sigma_z}$ 应取多大数值要看延伸不均匀程度、钢的材质、加工硬化程度以及板边情况等综合因素而定。一般 $\overline{\sigma_z}$ =（0.1~0.6）σ_s，变化范围颇大。不同轧机，不同轧制道次，不同品种规格，甚至不同原料条件，皆要求有不同 $\overline{\sigma_z}$ 与之相适应。当轧钢工人操作水平较高，变形比较均匀，且原料比较理想时，$\overline{\sigma_z}$ 可取高一些；当带钢较硬，边部不理想，或操作不熟练时，可取偏小数值；一般在可逆式冷轧机中间道次或连轧机中间机架，$\overline{\sigma_z}$ 可取（0.2~0.4）σ_s，最大不超过 $0.5\sigma_s$；轧制低碳钢时，有时因考虑防止钢均匀化。横向延伸均匀是保证带钢出口平直，不产生跑偏的必要条件。这种纠偏卷退火时产生黏结等原因，成品卷取张力不能太高，约为 $50N/mm^2$，其他钢种可以高些；连轧机开卷张力仅为 $1.5~2N/mm^2$，甚至可以忽略，不加张力。除此以外，连轧机各架张力选择还需考虑主电机之间及主电机与卷取机之间合理功率负荷分配，一般是先按经验范围选择一定的 $\overline{\sigma_z}$ 值，再进行其他校核。例如某五机架连轧机前张力分别为 $1N/mm^2$，$110N/mm^2$，$140N/mm^2$，$150N/mm^2$，$200N/mm^2$，卷取张力为 $30N/mm^2$。

3.4.2 冷轧板、带钢生产工艺

冷轧板带材主要工艺流程：一般可认为冷轧薄板带钢有以下典型产品：镀锡板、镀锌板、汽车板与电工硅钢板等，生产工艺流程：

（1）酸-轧联合机组：原料卷→开卷→横剪→焊接→入口活套→拉矫→酸洗→出口活套→剪边→横剪→五机架连轧→卷取。

（2）退火机组：罩式退火机组配料→装炉→扣保护罩→（热或冷）清洗→扣加热罩→电加热炉→退火（加热、保温、冷却）→出炉→最终冷却。

（3）平整机组：开卷→入口张力辊组→平整→出口张力辊组→卷取。

（4）重卷机组：上卷→开卷→剪边（→废边卷取）→去毛刺→头尾剪切（→堆垛）→焊接→拉矫→打印→涂油→分卷→卷取→捆扎。

（5）剪切机组。

（a）：横切机组上卷→开卷→圆盘剪（剪边）→打印→活套→测厚（→发出分选信号）→矫直→飞剪→精矫→质量检查（→发出分选信号）→涂油→分选→发出自动分选信号→优质品堆垛或次品堆垛→辊道输出。

（b）：纵切机组开卷→裁条→引带→剪切→卷取。

（6）热镀锌机组：上卷→开卷→圆盘剪（剪边）→横剪→焊接→活套→退火→热镀锌→冷却→钝化→活套→光整、拉矫→剪切→卷取。

（7）电镀锌机组：上卷→开卷→圆盘剪（剪边）→横剪→焊接→清洗→电镀锌→化学处理→冷却→活套→剪切→卷取。

由流程可知，冷轧板带从原料到成品主要工艺过程较热轧板复杂些，通常包括坯料除鳞、冷轧、轧后板带表面处理及热处理等基本工序，并且表面处理及热处理工序占有重要地位。产品不同，工艺流程有差别。

3.4.3 典型产品生产工艺

3.4.3.1 普通薄板带生产工艺

普通薄板带一般采用厚度为 1.5~6.0mm 热轧带钢作为冷轧坯料，工艺过程如下：热轧带钢（坯料）→酸洗→冷轧→退火→平整→剪切→检查分类→包装→入库。

A 酸洗

冷轧板带材所用坯料热轧带钢表面有一层厚约为 0.1mm 的硬而脆氧化铁皮，为了保证板带表面质量，在冷轧前必须将其去除，即除鳞。除鳞方法目前仍以酸洗为主，目前通常应用盐酸进行酸洗，盐酸能完全溶解氧化铁皮，不产生酸洗残渣，酸洗速度快，表面质量好；并且酸洗反应生成的亚铁盐易溶于水，易冲洗。工作原理：

$$Fe_2O_3 + 6HCl === 2FeCl_3 + 3H_2O$$
$$Fe_3O_4 + 8HCl === FeCl_2 + 2FeCl_3 + 4H_2O$$
$$Fe + 2HCl === FeCl_2 + H_2 \uparrow$$

酸洗主要靠溶解作用，可以省去破鳞机，减少带钢表面机械划伤机会，在酸洗槽内也没有氧化铁皮积存；盐酸几乎不侵蚀带钢基体，不易发生过酸洗和氢脆现象，减少了酸洗缺陷，铁基体损失比硫酸少 20%~25%；在盐酸中，铜不形成渗碳体，表面银亮程度不因含铜而降低；盐酸酸洗速率高，约等于硫酸酸洗两倍，尤其在温度较高时更是如此；废酸可以完全回收再生为新酸，使酸利用率提高，而且盐酸资源也丰富。但是，盐酸酸洗腐蚀性强，要求设备耐蚀性高；盐酸易挥发，密封要求严格；废酸再生设备及工艺复杂，建设投资较高。

现代冷轧车间都设有连续酸洗加工线，盐酸酸洗机组分为塔式和卧式两种。塔式机组塔高一般为 20~45m，机组速度可达 300m/min，因为断带和跑偏等不易处理，多为卧式盐酸酸洗机组代替。卧式盐酸酸洗线的工序核心部分是酸洗、清洗、干燥三部分。清洗目的是去除酸洗后残留带钢表面的酸液，然后用蒸汽对带钢进行烘干。这三个工序都在槽内封闭进行，带钢必须连续通过，因此酸洗入口部分也是连续酸洗机组的重要组成部分。相关设备有：开卷机、横剪机、焊接机、入口活套车、拉伸破鳞机、张紧辊、夹送辊。在带钢端部，焊接之前和之后要把前一个带卷尾部及后一个带卷头部剪齐，所以在焊机之前和之后都有横剪机，焊机之后横剪机还可用来剪去不良焊缝。为了加速酸洗过程化学反应，酸洗之前设有拉伸破鳞机，表面铁皮在辊子中进行拉伸及弯曲变形，使氧化铁皮疏松。一般在连续式机组中，前一工序与后一工序配合总是不能完全协调的，为了避免互相干扰，两工序之间设有活套。带钢出干燥机时，酸洗工序完毕。但由于在轧钢机上轧制是成卷的，必须把焊起来的带钢再切开成卷。这部分设备有：检查台、圆盘剪、横剪、涂油机、卷取机等。

B 冷轧

酸洗卷取完毕后送往冷轧机组，轧制方式有单机座可逆式轧制和 4~6 机座串列式连轧，轧机结构多为四辊式，对于冷轧极薄板带钢采用多辊轧机。目前广泛采用的是五机架冷连轧机，操作方法有常规冷连轧和全连续式冷轧两种。

（1）常规冷连轧。主要操作特点是单卷轧制方式，即一卷带钢轧制过程是连续 $FeO+2HCl = FeCl_2+H_2O$。即一卷带钢轧制过程是连续的，但对冷轧全部生产过程，卷与卷之间有间隔时间，不是真正的连续生产，轧机利用率仅为 65%～79%。操作过程如下：板卷酸洗后送入冷轧机入口段，完成剥皮、切头、直头及对正轧制中心线等工作；接着开始"穿带"过程，即将板卷首端依次喂入机组中各架轧辊之中，一直到板卷首端进入卷取机芯轴并且建立出口张力为止；然后开始加速轧制即使连轧机组以技术上允许的最大加速度迅速从穿带时的低速加速到轧机稳定轧制速度，进入稳定轧制阶段；最后是尾部轧制时"抛尾"或"甩尾"阶段。

为了防止带钢跑偏或及时纠正板形不良等缺陷，并防止断带勒辊等操作事故，"穿带"轧制速度必须很低，"抛尾"阶段与此类似。由于供给冷轧用板卷是酸洗后由若干板卷焊接而成，焊缝处一般硬度很高，且其边缘状况也不理想，所以在稳定轧制阶段当焊缝通过机组时，一般也要实行减速轧制。正是由于上述原因，降低了轧机利用率。

（2）全连续式冷轧。操作特点是将酸洗后带钢预先拼接，一旦喂入连轧机后，以最大轧制速度连续地进行轧制，轧出带钢进行动态切断分卷，从根本上改变了单卷生产方式。例如，美国投产的一套五机架全连续冷轧机组设备组成。其操作过程：原料板卷经高速盐酸酸洗机组处理后送至冷轧机开坯机，拆卷后经头部矫直机矫平及端部剪切机剪齐，在高速内光焊接机中进行端部对焊，板卷拼接连同焊缝刮平等全部辅助操作共需 90s 左右。在焊卷期间，为保证轧机仍能按原速轧制，配备有专门的带钢活套仓，能储存 300m 以上带钢，可在连轧机维持正常入口速度前提下允许活套仓入口端带钢停留 150s。在活套仓出口端设有导向辊，使带钢垂直向上，由一套三辊式张力导向辊给 1 号机架提供张力。带钢在进入轧机前的对中工作由激光对中系统完成。在活套储料仓入口与出口处装有焊缝检测器，若在焊缝前后有厚度变化，由该检测器给计算机发出信号，以便对轧机进行相应调整。这种轧机连续的调整称为"动态变规格调整"，它只有借助计算机等控制手段才能实现。进行这种动态规格调整后，不同厚度两卷之间调整过渡段为 3～10m。在末机架与两个张力卷筒之间装有一套特殊的夹送辊与回转式横切飞剪，控制系统对通过机组的带钢焊缝实行跟踪，当需要分切时，总保持在焊缝通过机组之后进行，以使焊缝总是位于板卷尾部。夹送辊的用途是当带钢一旦被切断，而尚未来得及进入第 2 张力卷筒重新建立张力之前，维持第五机架一定的前张力。此夹送辊在通常情况下并不与带钢相接触，当焊缝走近时，夹送辊即加速至带钢速度及时夹住带钢，一旦张力建立后再行松开。

该机组由于消除了单卷轧制方式中卷与卷之间间隙时间以及穿带抛尾加减速的不良影响，可使轧机工时利用率达 90% 以上，同时减少了板卷首尾厚度超差及头尾剪切损失，大幅度提高了成材率，实现了真正意义的连续轧制。

C 脱脂

去除冷轧后带钢表面油污的工序称为脱脂。如果板带不经脱脂就退火，污物就会残留，影响表面质量。脱脂方法有电解净化法、刷洗净化法、气体清洗法以及机上洗净法等。一般普通脱脂线上可将刷洗净化和电解净化合并使用。净化液是碱类溶液，如苛性钠、硅酸钠、磷酸钠等，通常使用 2%～4% 硅酸盐溶液。

D　退火

退火是冷轧薄板带钢生产的重要工序，一般有中间退火和成品退火两种。一些钢种，特别是加工硬化趋向严重钢种，一个轧程轧到所需厚度后，需中间退火，以消除加工硬化，提高塑性，便于继续轧制。成品退火是从产品用途出发，为使其获得良好的机械性能而进行的。退火温度应在再结晶温度以上。退火方法主要有紧带卷退火、松带卷退火和连续退火。连续退火的作业方式与连续酸洗相似，分为塔式和卧式两种。根据以往经验，带钢连续退火后，硬度与强度偏高，而塑性与冲压性能则较低，故很长时间内连续退火不能用于处理深冲钢板和汽车钢板。日本通过对连续退火的尤其是研究表明，只要十分准确地保证锰和硫含量的比例，并在高于700℃卷取，就能连续退火铝镇静深冲用钢。实践证明，经连续退火处理的带钢机械性能同于甚至优于罩式退火炉退火有带钢，经连续退火生产的深冲板塑性很高。这样一来，冷轧板带钢的主要品种都可以采用经济高效的连续退火处理，这是近年在冷轧薄板热处理技术方面的一个突破。

E　平整

成品带钢退火后还应进行平整，平整实质是一种小压下率（0.5%～4%）二次冷轧。平整多在单机座四辊平整机上进行，对于表面质量和板形要求较高的薄带钢，也有在双机座四辊平整机上进行的。为获得较硬的带钢，还有专用平整与二次冷轧兼用的轧机。

平整的主要作用有：（1）供冲压用板带钢事先经过小压下率平整可以在冲压时不出现滑移线凸起；（2）可以减轻或消除轧制时产生某些浪形，提高成品质量。为了改善带钢平直度，平整机轧辊直径应尽量选大一些；（3）根据产品要求可以采用磨光、抛光等辊面状态。例如，用于镀层和涂层的原板，采用抛光辊平整，使钢板表面非常光滑，从而提高镀层质量，降低镀层金属消耗；（4）轧制缺陷如轧辊压痕、折印等经过平整后可以消除或减轻；平整可使一级品率提高10%～20%；（5）平整后钢板板形有所提高，例如平整厚度1mm钢板，平整前板凸度为0.02mm，平整后可降至0.01mm。

3.4.3.2　镀层钢板生产工艺

现代镀层钢板主要有镀锌、镀锡及镀铝，成形工艺大体相同，以镀锡钢板为例。镀锡钢板原板生产工艺与普通薄钢板相似，主要区别在于：一般冷轧后退火前，通过清洗机组将轧后板上残留油脂或其他异物清理干净，以免退火后在钢板上留下污斑，影响镀层质量；因为镀锡钢板厚度较小（达0.08mm），大多数选用六机座冷连轧机轧制，或采用二次冷轧工艺。若选用双机座，第一机座压下率占总压下率90%，第二机座压下率小于5%，既是冷轧，又是平整，提高了镀锡板强度，改善了板形及表面质量。

镀锡板生产方法有热镀锡和电镀锡。热镀锡方法是将锡在锡锅中加热到熔点以上，呈液体状态，钢基体经过溶剂处理进入熔融状态锡锅中发生化学反应，在基体表面黏附一层纯锡。镀锡后的钢板由水平方向运动转入垂直方向运动进入油槽，借助于油槽中挤压机的挤压作用将镀锡减薄，并使镀锡分布均匀，同时使镀锡板冷却到240℃出油槽，再经过冷却风使镀锡冷却定型。冷却定型后的镀锡板表面油膜进入清洗槽中除去，最后进入干洗机内抛光成为成品。

电镀锡根据使用不同的电解液分为碱性法、酸性法和卤素法。在同样长度的电镀槽中，酸性法比碱性法快12倍，卤素法比酸性法快1倍。因此，酸性法发展快，齿素法近年来也有大的发展。酸性法是目前应用最广泛的一种，亦称"弗洛斯坦型作业线"。

3.4.3.3 电工硅钢板生产工艺

电工硅钢板生产工艺与一般冷轧薄钢板生产工艺区别较大，不仅因为其加工性能差，更主要是因为对硅钢薄板性能有特殊要求。主要工艺流程为：初退火→抛丸→酸洗→冷轧→中间退火→二次冷轧→脱碳退火→涂绝缘层→热态拉伸矫直→切定尺→入库等。

初退火目的主要在于使带钢软化，利于冷轧，并可改善磁性，提高取向度。实际上除高磁感取向硅钢外，现在多采用直接进行酸洗和冷轧的工艺；因为硅钢氧化铁皮中所含氧化硅很结实，需要先进行抛丸处理；然后酸洗、清洗、刷洗、烘干、涂油；随着含碳量的增加，硅钢变形抗力增大，高硅钢薄带多在多辊轧机上轧制，压下率大，尺寸精确，板形良好；经过一次冷轧后进行中间退火，进行一次再结晶和脱碳退火；二次冷轧，获得临界形变晶粒晶界移动力和得到最终产品厚度。二次冷轧压下率对磁性有影响，一般认为压下率为40%~60%时取向度最高，铁损最低。对非取向硅钢压下率取较低值（6%~10%），对高磁感取向硅钢不需二次冷轧；二次冷轧后再经脱碳退火，脱碳一般限制在0.01%~0.05%以下，并希望形成氧化薄膜，因此对炉温和保护气体有严格要求；取向硅钢在脱碳退火后涂氧化镁，然后在罩式炉中进行高温退火，目的是得到完善的二次再结晶组织，去掉有害元素（如氮、硫等），消除内应力，使氧化镁在高温下与氧化硅结合形成良好的硅酸镁底层；退火后的钢卷经刷洗和酸洗清除剩余氧化镁并涂以绝缘层。由于退火温度高达1200℃，退火后钢卷会产生热态塑性变形，为获得平直带钢，应在热态下进行拉伸矫直；最后，成卷或切成单张供应用户。

3.4.3.4 不锈钢板生产工艺

工艺流程大致如下：坯料→退火、碱酸洗→检查修磨→冷轧→退火、碱酸洗→平整→抛光→剪切→检查分类→包装→入库。不锈钢板生产工艺与一般冷轧薄板区别在于不锈钢板在轧前必须先经退火。其次，在生产过程中必须随时保持带钢表面洁净，以提高成品率和抗腐蚀性能。

轧前退火，铁素体和马氏体不锈钢退火时间较长，便于再结晶和溶解碳化物。通常在罩式炉退火，温度约800℃，保温4~6h。铁素体不锈钢要在空气中迅速冷却，以防脆化，马氏体不锈钢不允许快速冷却，以免引起过大内应力和硬化裂纹。奥氏体不锈钢在连续炉中加热温度为1000~1100℃，在水中或空气中迅速冷却。淬火温度视含碳量和附加合金而定，应避免碳化铬析出。

不锈钢板属难变形钢，冷轧时容易产生加工硬化，特别是多道次低压下率轧制时更为明显。因此，不锈钢板一般在多辊轧机上轧制，如采用MKW和森吉米尔轧机等。轧制塑性较好的奥氏体不锈钢，单道次压下率不超过25%，每轧程总压下率不超过75%。轧制含碳较高的马氏体不锈钢，单道次压下率为15%，每轧程压下率不超过50%。一次轧程完成后，需中间退火酸洗，为防止在退火过程中将杂质烧入表面，应先经三氯化烯除油。对于奥氏体不锈钢，加热温度为 1050~1080℃，铁素体马氏体不锈钢在 800℃ 左右。之后在水、空气或蒸汽中淬冷。成品带钢进行光亮退火，即在无氧化气氛中作最后一次再结晶退火，通常采用分解氨作保护气体。

为了保持带钢表面的洁净，除了常规处理方法外，不锈钢生产还采取了修磨机上修磨，以及对某些特殊品种的研磨和抛光处理。研磨采用油或乳化液湿式研磨，研磨时要防止由于不锈钢导热性能差产生灼斑或裂纹。抛光工序由抛光和擦净两部分组成，一般用乳化液作为抛光剂。

此外，为防止带钢表面划伤，所有与带钢接触的辊子必须十分清洁或采用包胶辊，卷取时，必须在每层间垫上塑料丝或纸带。成品收集更需每层间垫纸，以保护表面不致相互擦伤。

3.4.3.5 涂层钢板及层压钢板生产简介

涂层板基板有冷轧板、电镀锌板、热镀锌板和电镀合金板等。因基板不同，质量有很大差别，以电镀锌板和电镀锌—镍合金板为基板最好。涂层板既有钢板的强度，又有塑料的耐蚀性和装饰性。新工艺：涂层板剪切→加工成型→组装，涂层板作为一种新型复合材料越来越受到人们重视。国外涂层板应用十分广泛，我国近年已有相当发展，造船、建筑、家用电器等方面都已开始应用。一般涂层板生产工艺为清洗→磷化→密封→铬化→涂层→烘烤→冷却→干燥→卷取。

彩色层压钢板是将黏合剂预先涂在钢板上，在一定温度下，通过辊压方法，将塑料薄膜复合到钢板表面上形成的。生产流程主要包括：酸洗→磷化→钝化→水汽干燥→涂黏合剂→烘干挥发→加热活化→塑料薄膜层压→冷却及卷取成卷。

3.4.3.6 极薄带材生产最小可轧厚度问题

厚度为 0.001~0.05mm 的极薄带材大量用于仪器仪表、电子、电讯及电视等工业技术部门。实践表明，在一定轧机上轧制板带材时，随着轧件逐渐变薄，变形抗力逐渐增大，压下越来越困难，当厚度薄至某一限度时，不管如何压下或加大液压压下的压力，不管反复轧制多少道次，也不可能再使产品轧薄，这一极限厚度称为最小可轧厚度。从技术上要求，轧件应产生尽可能大的塑性变形，而轧辊、机座等应产生尽可能小的弹性变形。

通常，工作辊径与成品带材的比例关系为：

$$D \leqslant 1000h$$

根据 M. D. stone 的平均压力公式可找出最小可轧厚度 h_{min} 的定量关系：

$$h_{min} = \frac{D \cdot f(1.15\overline{\sigma}_s - \overline{Q})}{E} \times 3.58$$

式中　　h_{min}——最小可轧厚度，mm；

　　　　D——工作辊直径，mm；

E——轧辊弹性模量，N/mm^2；

f——轧辊与带材间的摩擦系数；

$\bar{\sigma}_s$——平均屈服极限，MPa；

$\bar{Q}$——带材平均张应力，$\bar{Q} = \dfrac{Q_0 + Q_1}{2}$，MPa；

Q_0，Q_1——分别为带材的后张力与前张应力，MPa。

根据以上分析，要轧制厚度更薄的带材，采取措施为：（1）减少工作辊直径；（2）采用高效率的工艺润滑剂，降低摩擦系数；（3）适当进行软化热处理，减小金属变形抗力；（4）加大张力轧制；（5）增加轧辊刚性。

3.5 板、带钢高精度轧制和板形控制

板带钢高精度轧制指几何尺寸和形状都精确的板带轧制，即板带横向截面厚度分布均匀，尺寸精确；板带纵向截面厚度分布均匀，尺寸精确；板带横截面宽度在纵向长度上分布均匀，尺寸精确。

3.5.1 板带材轧制中的厚度控制

厚度自动控制 AGC（Automatic Gauge Control）在板带轧机上，特别是在带钢轧机上得到普遍应用。近年来新建带钢轧机精轧机组都设有 AGC 装置，AGC 与主电机速度调节系统及活套恒张力调节系统配合使带钢厚度精度达到了较高水平。

3.5.1.1 板厚波动原因

热轧带钢精轧机组板厚波动主要有以下原因：

（1）入口轧件厚度、轧件温度及成分有波动。

（2）轧机迟滞、弹跳，轧辊偏心，压下系统间隙，轧辊轴承油膜厚度变化，轧辊热膨胀、收缩、磨损等轧机本身造成板厚波动。

（3）轧辊驱动电机的冲击速降，机架间活套引起的张力变化，压下系统响应延迟等轧机驱动系统造成板厚波动。

（4）机架间喷水造成钢板冷却，轧机的加减速，轧制润滑剂，弯辊力变化等轧机操作系统因素影响。

（5）穿带、抛尾时由于没有前后张力作用造成板厚波动。

（6）从实行热装、直接轧制、控制轧制等进一步节能观点出发，精轧机组入口板厚有增厚倾向。这些都对板厚自动控制系统提出了更高要求。

3.5.1.2 P-h 图

板带轧制过程是轧件与轧机（轧辊）相互作用的过程，相互作用产生轧制力。轧制力是所轧带钢宽度、厚度、摩擦系数、轧辊半径、温度、变形速度、张力及变形抗力等多种

因素的函数。当这些因素中假设只有出口板带厚度 h 存在变化时，轧制力 P 为：

$$P = f(h)$$

此式被称为塑性方程式。在坐标系中作成曲线形式，称为塑性曲线，它表示一定轧制压力作用下轧件发生的塑性变形。

同时，轧制力也对轧机工作机座各零件发生作用，使之产生弹性变形，用最简单的虎克定律形式可表达为：

$$P = K(h - S_0')$$

式中　S_0'——理论空载辊缝；

　　　h——S_0'轧制时辊缝弹性变形最大量，即弹跳值（辊跳）；

　　　K——轧机刚度系数，表示辊缝间产生单位距离变化时所需轧制压力，实际上反应轧机抵抗弹性变形的能力，K 大，有利于提高轧制精度。将弹跳方程绘于坐标中可得到轧机弹性变形线。

为了便于直观分析研究轧制过程中轧件和轧辊间相互作用又相互联系的力和变形关系，常将弹性曲线和塑性曲线绘制在同一坐标内，就构成了 P-h 图，如图 3-15 所示。

在 P-h 图中，A 点即为工作点，对应厚度为实际轧出厚度。

由 P-h 图，$h = S_0 + \Delta S = S_0' + (P_1 - P_0)/K = H_0 - \Delta h$

各种工艺因素变动会在该图中得到反映。

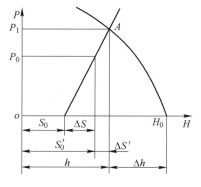

图 3-15　P-h 图的建立

H_0—原料厚度；h—轧出板厚；Δh—压下量；

S_0—轧辊辊缝；S_0'—空载辊缝；ΔS—弹跳；

P_1—轧制力；P_0—预压力

3.5.1.3　厚度控制方法

常用厚度控制方法有：

A　调压下（改变原始辊缝）

调压下是厚度控制最主要的方式，常用以消除由于影响轧制压力的因素所造成的厚度差。图 3-16（a）为板坯厚度发生变化，从 h_0 变到 $(h_0 - \Delta h_0)$，轧件塑性变形线的位置从 B_1 平行移动到 B_2，与轧机弹性变形线交于 C 点，此时轧出的板厚为 h_1'，与要求的板厚 h 有一厚度偏差 Δh。为消除此偏差，相应地调整压下，使辊缝从 S_0 变到 $(S_0 + \Delta S_0)$，亦即使轧机弹性线从 A_1 平行移到 A_2，并与 B_2 重新交到等厚轧制线上 E' 点，使板厚恢复到 h。图 3-16（b）是由于张力、轧制速度、轧制温度及摩擦系数等的变化而引起轧件塑性线斜率发生改变，同样用调整压下的办法使两条曲线重新交到等厚轧制线上，保持板厚不变。

由图 3-16（a）可以看出，压下的调整量 ΔS_0 与料厚的变化量 Δh_0 并不相等，由图可以求出：

$$\Delta S_0 = \Delta h_0 \tan\theta / \tan\alpha = \Delta h_0 M/K$$

式中　M——轧件塑性线的斜率，称为轧件塑性刚度。

由图 3-16（b）可以看出，当轧件变形抗力发生变化时，压下调整量 ΔS_0 与轧出板厚

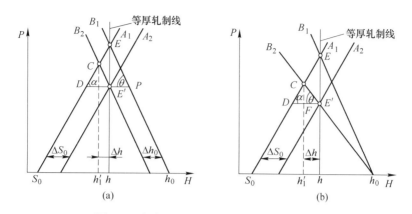

图 3-16　调整压下改变辊缝控制板厚原理图
（a）板坯厚度变化时；（b）张力、速度、抗力及摩擦系数变化时

变化量 Δh 也不相等，由图可求出：

$$\Delta h / \Delta S_0 = K / (M + K)$$

$\Delta h / \Delta S_0$ 是决定板厚控制性能好坏的一个重要参数，称为压下有效系数或辊缝传递函数，它常小于 1，轧机刚度 K 越大，其值越大。

近代较新的厚度自动控制系统主要不是靠测厚仪测出厚度进行反馈控制，而是把轧辊本身当作间接测厚装置，通过所测得的轧制力计算出板带厚度来进行厚度控制。这就是所谓的轧制力 AGC 或厚度计 AGC，其原理就是为了厚度的自动调节，必须在轧制力 P 发生变化时，能自动快速调整压下（辊缝）。ΔP 与压下调整量 ΔS 之间的关系式为：

$$\frac{\Delta S}{\Delta P} = -\frac{1}{K}\left(1 + \frac{M}{K}\right)$$

同样，根据入口厚度偏差 ΔH，确定应采取的值为 ΔS：

$$\Delta S = \Delta H M / K$$

B　调张力

调张力就是利用前后张力，改变轧件塑性曲线斜率，达到控制板厚的目的。热轧中由于张力变化范围有限，张力稍大易产生拉窄或拉薄，一般不采用。此法优点是响应快，控制更为有效和精确；缺点是调整范围小。因此，调张力法一般应用于热轧精轧机架或冷轧薄板的调整。

C　调速度

因为轧制速度的变化影响到张力、温度和摩擦系数等因素的变化，所以可以采用调速度的方法达到厚度控制的目的。近年来新建的热连轧机都采用了"加速轧制"与 AGC 相配合的方法。加速的主要目的是为了减小带坯进入精轧机组的首尾温度差，保证终轧温度的一致，从而减少厚度差。

3.5.2　横向厚差与板形控制技术

3.5.2.1　关系

板带横向厚度差是指沿宽度方向的厚度差，它决定于板带材的断面形状，或轧制时的实际辊缝形状，一般用板带中央与边部厚度之差的绝对值或相对值来表示。

为保证轧件运动的稳定性，使操作可靠，轧件有自动对中不致跑偏或刮框的可能，必须使辊缝形状呈凸透镜形状，也就是使实际辊缝呈凹形，即所谓"中厚法"或"中高法"。中厚量，即板凸度 δ 至少应该为：

$$\delta = \frac{4P}{a^2 K}\left(x^2 + \frac{B}{2}x\right)$$

式中　P—轧制压力；

　　　a——压下螺丝中心距；

　　　K——轧机刚度；

　　　x——轧件偏离轧制中心线的初始值；

　　　B——钢板宽度。

所谓板形直观地讲，指板带翘曲程度；就其实质而言，则指板带中内应力及其沿横向的分布情况。只要板带中存在内应力，就视为板形不良。如果这种内应力存在，但不足以引起板带翘曲，称为"潜在的"板形不良；当内应力很大，以致引起板带翘曲时，称为"表现的"板形不良。例如，冷轧带钢轧制过程中，由于张力作用，板带被拉直，但仍有内应力存在，此时的板形不良为"潜在型"，当去除张力后，带钢可能发生明显翘曲，为"表现型"的板形不良。板带钢"表现型"板形不良一般有浪形、瓢曲、上凸、下凹等，使其失去平直性，如图 3-17 所示。其翘曲程度决定于其内部残余应力分布及大小，如图 3-18 所示。

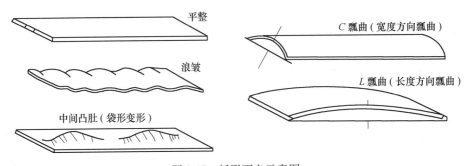

图 3-17　板形不良示意图

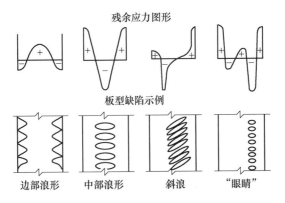

图 3-18　板形缺陷种类

3.5.2.2 板形良好条件

为保证良好的板形，必须按均匀变形或凸度一定的原则使其断面各点伸长率或压缩率基本相等。轧前板带边缘的厚度等于 H，而中间的厚度为 $H+\Delta$，即轧前厚度差或称板凸量为 Δ；轧后板带相应部位的厚度分别为 h 和 $h+\delta$，其轧后厚度差或板凸量为 δ。而 Δ/H 及 δ/h 则为板凸度。钢板沿宽度上的压缩率相等的条件为钢板边缘和中部延伸率 λ 相等。板材边缘常用板形良好条件为：

$$\frac{H+\Delta}{h+\delta} = \frac{H}{h} = \lambda$$

由此可得：

$$\frac{\Delta}{H} = \frac{\delta}{h} = \cdots = \frac{\delta_n}{h_n} = 板凸度$$

$$\frac{\Delta}{\delta} = \frac{H}{h} = \lambda$$

由此可见，要满足均匀变形的条件，保证板形良好，必须使板带轧前的厚度差 Δ 与轧后的厚度差 δ 之比等于延伸率；或轧前的板凸度 Δ/H 等与轧后的板凸度 δ/h，即板凸度保持一定。因此均匀变形的条件下，下一道次的板厚差要比前一道次的板厚差小，其差值为：

$$\Delta - \delta = (\lambda - 1)\delta$$

由于轧辊的原始辊型和因温差而引起的热凸度在后几道次几乎不变，故此差值主要取决于轧辊承受压力所产生的挠度值。要保证均匀变形的条件，就必须后一道次轧制压力 P_2 小于前一道次轧制压力 P_1。所小的差值可由挠度计算公式反推求出，即：

$$\Delta - \delta = \frac{P_1}{K_R} - \frac{P_2}{K_R} = \frac{1}{K_R}(P_1 - P_2)$$

式中　K_R——轧辊刚性系数。

板材轧后板凸度等于实际轧制时的辊型形状，即：

$$\delta = y - y_t - W$$

式中　y，y_t，W——分别为工作辊的弯曲挠度值、热凸度值、原始辊型凸度值。

因为：

$$y = \frac{P}{K_R}$$

可得：

$$P = \frac{K_R \delta_n}{h_n}h + K_R(y_t + W)$$

因此为保证操作稳定，必须使轧制压力大于 $K_R(y_t + W)$ 值。为保证均匀变形和板形良好，必须随板厚的减小而使轧制压力逐道减小，压力减小轧辊挠度减小，带钢的"中厚量"逐道减小，板厚精度逐道次提高。

3.5.2.3 影响辊缝形状的原因

板带横向差和板形主要决定于轧制实际辊缝形状，研究实际辊缝形状才能对轧辊原始形状进行设计。轧制时影响辊缝形状的因素如下：

（1）轧辊不均匀热膨胀。轧制过程中，轧辊受热和冷却沿辊身长度是不均匀的，轧辊

中部温度高于边部，使轧辊产生热凸度 y_t

$$y_t = K_t \alpha \Delta t R$$

式中 K_t——考虑温度不均系数，一般为 0.9；

　　　　α——轧辊材料热膨胀系数，钢辊可取 1.3×10^{-6}，铸铁辊可取 1.19×10^{-6}；

　　　　Δt——轧辊中部与边部温度差；

　　　　R——轧辊半径。

（2）轧辊的磨损。轧件与轧辊之间及支撑辊与工作辊之间的相互摩擦会使轧辊磨损不均，影响辊缝形状。但由于影响轧辊磨损的因素太多，尚难从理论上计算轧辊的磨损量，只能靠实测各种轧机的磨损规律，采取相应的补偿轧辊磨损的办法。

（3）轧辊的弹性变形。这主要包括轧辊的弹性弯曲和弹性压扁。轧辊的弹性压扁沿辊身长度分布是不均匀的，主要是由于单位压力分布不均所致在靠近轧件边部的压扁要小一些，轧件边部出现变薄区。在工作辊和支撑辊之间也产生不均匀的弹性压扁，它直接影响工作辊的弯曲挠度。通常二辊轧机的弯曲挠度应由弯矩所引起的挠度和切应力所引起的挠度两部分组成，其辊身挠度差可按下式近似计算：

$$y = P \cdot K_W$$

$$K_W = \frac{1}{6\pi E D^4} \left[32L^2(2L + 3l) - 8b^2(4L - b) + 15kD^2(2L - b) \right]$$

式中 K_W——轧辊的抗弯柔度；

　　　　k——切应力分布不均匀系数，对圆断面 $k = 32/27$。

对四辊轧机而言，支撑辊的辊身挠度可以用上式进行近似计算。工作辊的弯曲挠度取决于支承辊的弯曲挠度和支撑辊和工作辊之间的不均匀弹性压扁所引起的挠度，如支撑辊和工作辊的辊型凸度均为零，则工作辊的挠度为：

$$f_1 = f_2 + \Delta f_y$$

式中 f_1——工作辊弯曲挠度；

　　　　f_2——支撑辊弯曲挠度；

　　　　Δf_y——工作辊和支撑辊间压扁变形引起的挠度。

其中：

$$f_1 = \frac{A_0 + \phi_1 B_0}{L\beta(1 + \phi_1)} P$$

$$f_2 = \frac{\phi_2 A_0 + B_0}{L\beta(1 + \phi_2)} P$$

$$\Delta f_y = \frac{18(B_0 - A_0)K\bar{q}}{1.1(1 + n_1) + 3\xi(1 + n_2) + 18\beta K}$$

式中，P 为轧制力；ϕ_1、ϕ_2、A_0、B_0、K 为系数，按下列公式计算：

$$\phi_1 = \frac{1.1n_1 + 3\xi n_2 + 18\beta K}{1.1 + 3\xi}; \quad \phi_2 = \frac{1.1n_1 + 3\xi + 18\beta K}{1.1n_1 + 3n_2\xi};$$

$$A_0 = n_1\left(\frac{a}{L} - \frac{7}{12}\right) + \xi n_2; \quad B_0 = \frac{3 - 4u^2 + u^3}{12} + \xi(1 - u), \quad u = \frac{b}{L};$$

$$K = \theta \ln 0.97 \frac{D_1 + D_2}{\bar{q}\theta} ; \quad \theta = \frac{1 - v_1^2}{\pi E_1} + \frac{1 - v_2^2}{\pi E_2}$$

式中　　a——压下螺丝中心距；

　　　　L——辊身长度；

　　　　b——轧件宽度；

　D_1，D_2——工作辊、支撑辊直径；

　　　　$\bar{q}$——工作辊、支撑辊间平均单位压力，$\bar{q} = P/L$。

3.5.2.4　辊型设计

从以上分析可知，由于轧制时轧辊的不均匀热膨胀、轧辊的不均匀磨损以及轧辊的弹性压扁和弹性弯曲，使空载时的平直辊缝在轧制时变的不平直了，致使板带的横向厚度不均和板形不良。为了补偿上述因素造成的辊缝形状的变化，需要预先将轧辊磨成一定的原始凸度或凹度，赋予辊面以一定的原始形状，使轧辊在受力和受热轧制时仍能保持平直的辊缝。

在设计新轧辊的辊型时，主要考虑轧辊的不均匀膨胀和轧辊弹性弯曲（挠度）的影响，故辊型设计时应按热凸度与挠度合成的结果，定出磨新辊的凸度曲线。

（1）轧辊不均匀热膨胀产生的热凸度曲线：

$$y_{tx} = \Delta R_t \left[\left(\frac{x}{L} \right)^2 - 1 \right]$$

式中　　y_{tx}——距辊中部为 x 的任意断面上的热凸度；

　　　ΔR_t——辊身中部的热凸度；

　　　　L——辊身长度的一半；

　　　　x——从辊身中部起到任意断面的距离，辊身中部 $x=0$，辊身边部 $x=L$。

（2）由轧制力产生的轧辊挠度曲线。

原始辊型凸度确定：

$$y_x = y \left[1 - \left(\frac{x}{L} \right)^2 \right]$$

式中　　y_x——距辊身中部为 x 的任意断面的挠度；

　　　　y——辊身中部与边部挠度差。

（3）实际凸度。

将轧辊热凸度曲线和挠度曲线叠加得实际凸度：

$$t_x = (y - \Delta R_t) \left[1 - \left(\frac{x}{L} \right)^2 \right]$$

辊身中部为最大实际凸度：

$$t = y - y_t$$

式中，t 为正值轧制压力引起的挠度大于不均匀热膨胀产生的热凸度，此时原始辊型应磨成凸形，反之为凹形。

3.5.2.5　辊型及板型控制技术

早期板形控制主要有磨削轧辊原始凸度和冷却液控制两种方法。磨削轧辊原始凸度法通过轧辊原始磨削一定凸度补偿轧辊弯曲变形和热膨胀，从而形成平直辊缝，达到控制板形目的。这种方法一般只适用于特定板材规格和一定的轧制条件，其适应性、灵活性和控制能力均较差，是一种精度不高的初级控制方法；冷却液控制法通过冷却液改变沿辊身长度的辊温分布，以控制轧辊热膨胀控制板形。

20 世纪 60 年代初期发展了液压弯辊法，虽然是一种快速、有效地板形控制手段，但也存在着弯辊力受液压源最大压力、轧辊轴承承载能力及辊颈强度限制，轧制宽而薄板带时控制效果较差。目前各种现代化板带轧机都设有液压弯辊装置，但还必须与其他方法结合使用才能收到更好的控制效果。液压弯辊基本原理是通过向工作辊或支撑辊辊颈施加液压弯辊力来瞬时改变轧辊有效凸度，从而改变辊缝形状和轧后带钢沿横向延伸分布。只要根据具体工艺条件适当选择液压弯辊力，就可以达到改善板形的目的。这种方法一般分为弯曲工作辊和弯曲支撑辊两种，每种又可分为使工作辊凸度增大的正弯和相反的负弯。到底使用工作辊弯辊还是支撑辊弯辊，主要参考辊身长度 L 与支撑辊直径 D_b 比值。当 $L/D_b <$ 2 时，一般使用工作辊弯曲。

由于 AGC 目前对纵向厚差控制已能满足用户要求，板形质量日益变得突出，越来越受到重视。为了更有效地提高板形质量，近年来世界上相继研制开发了许多新的板形控制手段和轧机，很多已达到实用化程度。

A　CVC（Continuous Variable Crown）技术

德国西马克开发的 CVC 连续可变凸度技术。技术关键是工作辊磨削为 S 曲线形初始辊型和加长的辊身长度。调控时上下工作辊沿轴向反向移位，辊间接触线长度不改变，但投入轧制区内的上下工作辊的辊身曲线段在连续变化。由于 CVC 曲线的特殊性，使得辊缝开度随轧辊移位始终保持左右对称且其凸度值随移位值线性变化。所以 CVC 技术属于低横刚度的柔性辊缝控制类。

B　DCVC（Double Continuous Variable Crown）技术

苏米托沐金属工业对可变凸度轧机做了更进一步研究，将内部液压腔改为两个，双腔连续变凸度四辊轧机支撑辊制成双腔中空的液压腔，腔内装有压力可变液压油。轧制过程中，随着轧制条件的变化，不断调整油压，改变轧辊膨胀量，达到控制板形目的，该轧机能更好地控制边部减薄。

C　DSR（Dynamic Shaper Roll）技术

Davy 公司生产了集厚控、板形控制为一体的 DSR 动态板形辊，并应用于生产。该技术的关键在于将支撑辊设计为组合式——旋转辊套、固定芯轴及可调控两者之间相对位置的 7 个压块液压缸。7 个压块液压缸压力可以单独调节，通过压块和辊套间的承载动静压油膜可调控辊套的挠度及其工作辊辊身各处的接触压力分布，进而实现对辊缝形状的控制。所以，DSR 技术通过直接控制辊间接触压力分布可以使轧机实现低横刚度的柔性辊缝控制，还可以实现保持辊间接触压力均布的控制，但同时只能实现其中的一种。瑞士苏黎世 S-ES 公司开发的 NIPCO 技术与此基本原理相同。

DSR 能控制轧机负荷横向分配，从而控制带材凸度，比如轧制二次方板带时，需控制四次方挠度影响，DSR 能单独控制四次方和二次方凸度，消除四次方凸度；DSR 还能校正常见复杂不对称缺陷，并使原有工作辊弯曲更有效，带钢两端由支撑辊引起的工作辊弯曲阻力减少；DSR 还能与 AGC 一起对板进行厚度控制，使带材几何尺寸精确，头尾损失减少。

D SCR（Special Crown Roll）技术

MDS 公司制造了 SCR 特殊凸度轧辊，与普通轧辊一样拥有一个紧套在固定轴上的轴套，但轴套端部能扩张形成内锥体。紧配合锥形轴瓦被插入扩张区域并轴向定位，液压油可通过轴内油槽压下，经过交叉孔道到达锥形轴瓦与轴套之间，当液压油没有压入时，轴套与轴接触。为防止接触面腐蚀，锥形轴瓦表面经过特殊处理，输油孔道能保证应力足够低，不致破坏紧配合。为满足特殊轧制规程，每个 SCR 轧辊都经过有限元优化，采用回转装置送进液压油，通过改变油压，SCR 支撑辊外形能够对带钢边部进行调节。

1994 年，德国 VAW 铝箔粗轧机安装了一套 SCR 轧辊，设置了 MDS 公司的过程控制和自动控制系统，使 SCR 控制完全自动化，轧制带卷重 4600kg，入口带厚为 0.7mm。实践证明，SCR 改善了带材横向应力分布和边部条件，减少了轧机启动时断带次数，提高了轧制速度，工作辊无需预热，弯辊力降低，轧辊、轴承使用寿命延长。使用 SCR 轧辊，使带长 97%以上的平直度公差小于 15I 单位，产品的产量提高 2%以上。SCR 技术成功地校正了轧辊热凸度，甚至在缺少弯辊装置时也获得了良好板形。

E 热凸度控制

当带钢某一纵条发生局部波动时，用弯辊等手段是无效的，用乳化液喷射效果也不明显。此时，可采用局部强力冷却，在轧机上安装一个可横向移动的喷嘴，发现有板形波动时，立即将喷嘴移动到该处，用 5~30℃冷水以 30m/min 的流量喷射该处，经 3~4min，冷却效果可显示出来，经 10min 热凸度可稳定下来。用冷却液调整轧辊温度和凸度需要时间较长，因此现代化高速轧机上用它难以进行有效及时的控制。德国科研人员用轧辊局部感应加热手段控制热凸度，轧辊温升速度快，调节时间短，能适应高速轧制要求。

F HC 轧机

HC 轧机为高性能板形控制轧机的简称。日本用于生产的 HC 轧机是在支撑辊和工作辊之间加入能作横向移动中间辊的六辊轧机。在支撑辊背后再撑以强大的支撑梁，使支撑辊能作横向移动的新四辊轧机正在研究，HC 轧机的主要特点：大刚度稳定性；良好控制性能；边部控制能力强；压下量增大。

G SSM 技术

日本新日铁公司在四辊轧机的支撑辊上装备了比四辊辊身长度短的可移动辊套。辊套可旋转且可沿辊身作轴向移动，调整辊套轴向位置，使支撑辊支撑在工作辊上的长度约等于带钢宽度，其原理与 HC 轧机相似。

H UPC 技术

德国德马克公司开发了 UPC 技术。UPC 轧机辊形为雪茄型，其工作原理与 CVC 轧机相似。

I   DCB 技术

DCB 技术是双轴承座弯曲技术。它是将工作辊轴承座分割成为内侧和外侧两个轴承座，各自施加弯辊力。提高了轴承强度，增大了弯辊效果及控制凸度的能力，便于现有轧机的改造。

J   PC（Pair Control roll）技术

新日铁公司于 1984 年投产的 1840mm 热带连轧机精轧机组首次采用了工作辊交叉 PC 技术。该轧机通过交叉上下成对的工作辊和支撑辊的轴线形成上下工作辊间辊缝的抛物线，并与工作辊的辊凸度等效，从而获得很宽的板形及板凸度控制范围，同时不需要磨出工作辊原始辊形曲线，还能实现大压下量轧制。

K   辊芯差别加热技术

德国 Hoesch 钢厂为了补偿轧辊磨损，采用在支撑辊辊芯钻孔，插入电热元件，分三段进行区别加热的方法来修正辊凸度，效果良好。

L   泰勒轧机

1971 年美国制造的泰勒轧机有五辊式及六辊式两种，小工作辊为游动辊，可以通过合理地分配及控制上下传动辊的电流来控制转矩，达到控制小辊旁弯的目的。该轧机用于冷轧薄板、带，其平坦度可达到拉伸矫直后的程度，可使薄边及裂边减少，成材率提高。

M   FFC 轧机

1982 年由日本生产的 FFC 轧机为异径五辊异步轧机，中间小工作辊轴线偏移一定距离，利用侧向支撑辊对小工作辊进行侧弯辊，以便配合立弯辊装置对板形进行灵活控制。

N   UC 轧机

UC 轧机是在 HC 轧机基础上发展起来的，与 HC 轧机相比，增加了中间辊弯曲及工作辊直径小辊径化。为防止小直径工作辊侧向弯曲，附加了侧支撑机构。由于具有两个弯辊机构及一个横移机构，板形控制能力很强，适宜轧制硬质合金薄带材。

O   Z 型轧机

Z 型轧机中间辊装有液压弯辊装置，同时可横移，工作辊两侧设有侧支撑机构，板形控制能力很强，适宜冷轧薄带钢。

实现板形监控，除了应具备根据板形控制手段制定的板形控制执行机构外，还要拥有可靠的在线板形信息，这是靠板形检测装置提供的，最后才能在检测装置和执行机构间装备板形控制系统。根据工艺条件和在线检测信息进行比较计算，确定执行机构合理调整量，发出指令对执行机构进行调整，实现对板形的控制。

板形控制系统分为开环和闭环两种。在没有检测装置情况下只能采用开环控制系统，执行机构调整量（如液压弯辊力）依据规程规定的板宽和实测轧制力由合理的控制模型给出。对于设定偏差和某些扰动造成的板形缺陷，可以由操纵工根据目测手动给以修正。如果具有板形检测装置，可以进行闭环控制，依据在线板形检测结果，确定实际板形参数，并将它与可获得最佳板形的参数相比较，利用两者之差值给出执行机构调整量，对板形进行控制。由于各类板带轧机工作特点不同，板形控制主要内容与方法也有所不同。

3.6 板、带钢轧制制度的确定

3.6.1 中厚板压下规程制定

中厚板轧制制度主要包括压下制度、速度制度、温度制度、辊型制度等，其中主要是压下规程，它直接关系到轧机产量和产品质量。因此合理的压下制度既要充分发挥设备潜力，提高产量，又要保证质量，并且要操作方便，设备安全。

3.6.1.1 压下规程设计原则及要求

充分发挥设备潜力，提高产量的主要途径就是提高道次压下量，减少轧制道次。单位压下量的提高受到下列条件的限制。

（1）金属塑性。一般板坯或连铸坯轧制中厚板时，不存在塑性条件限制压下量问题，但在轧制钢锭或某些特殊钢种时需考虑。实践证明，道次压下率允许超过50%，则金属塑性就不是限制压下量的主要因素。

（2）咬入条件。根据平辊自然咬入条件可确定每道次压下量 Δh：

$$\Delta h = D(1 - \cos\alpha_{\max}) = D\left[1 - \frac{1}{\sqrt{1 + f^2}}\right]$$

式中 f——摩擦系数；

D——轧辊直径；

$\alpha_{\max}$——允许的咬入角。

（3）轧辊强度。中厚板轧制多数道次中，轧辊强度通常是限制压下量的主要因素。为满足轧辊强度条件，金属对轧辊总压力必须小于轧辊强度所决定的最大允许压力，由此决定最大允许压下量 $\Delta h_{\max}$：

$$\Delta h_{\max} = \frac{1}{R}\left(\frac{P_{\max}}{\bar{p} \cdot B}\right)^2$$

式中 $\bar{p}$——平均单位压力；

R——轧辊半径；

B——钢板宽度；

$P_{\max}$——轧辊的最大允许压力。

在四辊轧机上由于支撑辊辊身强度很大，$P_{\max}$ 还往往取决于支撑辊辊颈的弯曲强度。按驱动辊辊颈的许用扭转应力计算的最大允许轧制压力为：

$$P_{\max} = \frac{0.4d^3[\tau]}{\sqrt{R \cdot \Delta h}}$$

式中 d——驱动辊辊颈直径；

$[\tau]$——轧辊许用扭转应力。

由于四辊轧机附加摩擦力矩很小，若忽略不计，从轧辊辊颈强度出发近似可得最大允许轧制力矩 $M_{\max}$ 为：

$$M_{\max} \approx P_{\max} \cdot \sqrt{R \cdot \Delta h} = 0.4d^3[\tau]$$

由此可见，Δh 越大，则轧制力矩越大，故在压下量大的初轧道次一般应考虑最大允许轧制力矩的限制因素。

（4）主电机能力。正常情况下，主电机功率不应是限制压下量因素。由于生产技术的发展和轧机产量不断提高，旧轧机上可能出现主电机能力不能适应的情况：

$$M_{\max} \leqslant \lambda M_{\mathrm{H}}$$

$$M_{\mathrm{P}} = \left(\frac{\sum M_{\mathrm{n}}^2 t_{\mathrm{n}} + \sum M_{\mathrm{n}}'^2 t_{\mathrm{n}}'}{\sum t_{\mathrm{n}} + \sum t_{\mathrm{n}}'} \right)^{\frac{1}{2}} \leqslant M_{\mathrm{H}}$$

式中 M_{P}——等效力矩；

$M_{\max}$——轧制周期内最大力矩；

λ——过载系数，直流电机为 2.0~2.5，交流同步电机为 2.5~3.0；

M_{H}——主电机额定力矩；

$\sum t_{\mathrm{n}}$——轧制周期内各段轧制时间总和；

M_{n}——各段轧制时间对应力矩；

M_{n}'——各段间隙时间对应力矩。

在满足上述条件限制基础上，压下量分配常用方法有中间道次有最大压下量和压下量随道次逐渐减小两种方法。二辊和四辊可逆式轧机经常采用第二种方法，当压下量在开始道次不受咬入条件限制，平轧前除鳞比较好及坯料尺寸较精确时，轧制开始可以充分利用高温采用大压下量，以后随轧件温度下降压下量逐渐减小。但要注意：压下量，特别是精轧阶段，对成品钢板质量有重要影响。如果开始时道次压下量过大则不能很好地除鳞，造成表面不良；最后道次压下量过大，得不到良好板形和尺寸精度；如果整个轧制过程压下量分配不当，会导致终轧温度过高或过低，从而影响成品机械性能。因此，一般要求在精轧阶段成品道次和成品前道次给以小一些的压下量，但必须大于临界变形量，以防晶粒粗大，降低板带性能。

3.6.1.2 道次温度的确定

精确的计算出各道的轧制温度是为了准确计算轧制压力，进行轧辊强度、主电机能力的校核。因此，轧制温度的计算是制定轧制工艺制度的基本内容之一。

高温时的轧件温降可按辐射散热计算，认为对流和传导所散失的热量大致可以与变形功所转换的热量相抵消。轧件逐道温降可由下列近似式计算：

$$\Delta t = 12.9/h \times (T_1/1000)^4$$

式中 Δt——道次间的温降；

T_1——上一道次轧件的绝对温度，K；

h——前一道次轧件的厚度。

有时简化计算，在中厚板轧制的温降计算中亦可用恰古诺夫公式：

$$\Delta t = (t_1 - 400)(Z/h)/16$$

式中 t_1——前一道次轧件温度，℃；

Z——轧制时间。

3.6.1.3 速度制度的确定

中厚板轧机有两种速度制度：一是轧辊转向不变的定速轧制速度，用于三辊劳特式轧机；二是轧辊转向转速变化的可逆式轧制速度制度，用于二辊和四辊可逆式轧机。

A 可逆式轧机的速度图

可逆式轧机的轧制速度制度图可采用梯形速度图或三角形速度图（见图 3-19、图 3-20）。梯形速度图是轧辊转速随时间变化的曲线图形像梯形。轧辊咬入轧件之前，由零开始加速运转为空转加速期（0-t_1）；以某转速（n_1）咬入轧件之后，继续进行加速，为加速轧制期（t_1-t_2）；轧辊到达某转速（n_2）后停止加速，为等速轧制期（t_2-t_3）；等速轧制延续一定时间后，主电机开始减速，轧完轧件后，以转速 n_3 抛出轧件，为减速轧制期（t_3-t_4）；轧辊继续减速至零，为空转减速期（t_4-t_5）。随后，重新向反方向启动进行下一道轧制。三角形速度图无等速轧制期，即（t_2-t_3）为零，由加速轧制直接过渡到减速轧制的速度图。

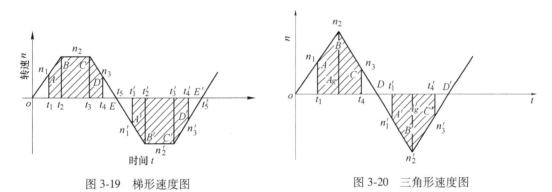

图 3-19 梯形速度图   图 3-20 三角形速度图

B 合理速度制度的确定

可逆式轧机速度制度的确定包括：速度图的选用、各道次的咬入和抛出转速、最高转速及纯轧时间和间隙时间。

转速的确定（咬入转速 n_1、抛出转速 n_3、最高转速 n_2）必须考虑到在可逆式轧机上的压下制度和轧制条件，对于各道次来讲不是恒定的，根据各道次的压下制度可轧件长度来确定各道次的转速。各道次的纯轧时间可由各道轧件轧后的长度 l、角加速度 a、角减速度 b、轧辊直径 D 等确定。三角形速度图下的纯轧时间为：

$$t_z = \frac{n_2 - n_1}{a} + \frac{n_2 - n_3}{b}$$

梯形速度图的纯轧时间由加速轧制时间 t_1，匀速轧制时间 t_2，减速轧制时间 t_3 三部分组成，即：

$$t_z = t_1 + t_2 + t_3$$

其中： $t_1 = (n_2 - n_1)/a$； $t_3 = (n_2 - n_3)/b$；

$$t_2 = \left[60l/\pi d + n_1^2/2a + n_3^2/2b - (a + b)n_2^2/2ab\right]/n_2$$

可逆轧制的间隙时间取决于轧辊由上一道的抛出转速逆转到下一道咬入转速所需的时间；完成轧辊压下调整的时间；轧件从轧辊间抛出再返回进入轧辊间的时间。间隙时间应大于三者中最长的时间。

3.6.1.4 制定压下规程的步骤

制定压下规程的方法很多，一般为理论方法和经验方法两大类。通常在中厚板生产中用经验法制定压下规程，其基本步骤为：根据产品要求和生产条件选择合适的坯料种类和尺寸规格；按经验法确定轧制方式和各道次压下量；逐道校核咬入能力；制定速度制度，计算各道次轧制时间（包括纯轧时间和间隙时间），并据此计算各道次轧件温度；选择合适的轧制压力计算公式计算轧制压力、轧制力矩和总力矩；校核轧辊等部件强度、电机功率和板形；根据校验结果、对照制定规程的原则和要求对规程进行修正。

3.6.2 压下或轧制规程设计

3.6.2.1 确定连轧机压下规程的基本原则

（1）坯料选择。为提高产量一般采用大坯重，板坯厚度为 150mm～250mm～350mm。如果初轧机组架数多，速度高，可选取较厚板坯，反之，选取较薄板坯；板坯宽度一般比成品带钢宽 50～100mm，为 500～2000mm；板坯长度受加热炉膛宽度及轧件温度限制，为 9～12m，最长达 15m。为减少板坯尺寸规格种类，宽度采用 100mm 进位，厚度为 50mm 进位。

（2）压下量分配。粗轧机组轧制时，轧件温度高，塑性好，厚度较厚，长度不长，应尽量利用此有利条件采用大压下量轧制。考虑到粗轧机组与精轧机组在轧制节奏和负荷上的平衡，粗轧机组变形量一般应占总变形量的 70%～80%，其最大压下量主要受轧辊强度条件限制；为保证精轧机组终轧温度，应尽可能提高粗轧机组轧出的带坯温度，一方面应尽可能提高开轧温度，另一方面应尽可能减少粗轧道次和提高粗轧速度，以缩短延续时间，减少轧件温度降；为简化精轧机组调整，粗轧机组轧出的带坯厚度应尽可能缩小，并且不同厚度的数目也应尽可能减少。许多轧机，不论板坯及带钢厚度如何，粗轧机组轧出的带钢厚度是固定的，当采用不同厚度板坯时，可改变粗轧机组压下量；当轧制不同厚度带钢时，可改变精轧机组压下量。一般在粗轧机组上，可将厚 120～300mm 板坯轧制成厚 20～40mm 带坯，第一道考虑咬入及来料厚差，不能给以最大压下量，中间道次应以设备能力允许的最大压下量轧制，最后道次为控制出口厚度和带坯板形，应适当减小压下量。

精轧机组压下量分配原则与粗轧机组大体相同，分配方法采用经验法或能耗分配法。按能耗情况推出各机架轧出厚度，必须找出能量消耗，即功率与轧出厚度（压下量）之间的定量关系，这就是所谓的单位能耗曲线。该曲线主要靠工厂实测资料绘制。一般根据在生产条件下实际测得的电压与电流，求出轧制时实际所需要功率，再经过加工整理，绘成所轧规格的能耗曲线。单位能耗（单位小时产量的轧制功耗，kW·h/h）按下式计算：

$$w = \frac{N}{Q} = \frac{U \cdot I}{Q \times 10^3}$$

式中 U——主电机电压，V；

I——主电机电流，A；

Q——轧机小时产量，t/h，即：

$$Q = 3600 \cdot v \cdot b \cdot h \cdot \gamma$$

v，γ——轧制速度及带钢密度；

b，h——带钢宽度和厚度。

为计算方便，有人还力图将能耗曲线数式化，日本今井一郎提出：

$$w_i = w_0(u_i^m - 1)$$

$$m = 0.031 + \frac{0.21}{h}$$

根据 $\mu_\Sigma = \dfrac{H}{h}$，$\mu_i = \dfrac{H}{h}$，$w_i = a_i w_\Sigma$，可推导出：

$$h_i = \frac{Hh}{\left[h^m + a_i(H^m - h^m) \right]^{1/m}}$$

式中　μ_i，w_i——i 机架的累积延伸系数及累积能耗；

μ_Σ，w_Σ——总延伸系数及总能耗；

a_i——第 i 机架的累积能耗分配系数或负荷分配比，即：

$$a_i = \sum_{j=1}^{i} w_i / \sum_{j=1}^{n} w_i = w_i / w_\Sigma$$

根据能耗曲线资料，给出各架 a_i 的值，即可算出各架的厚度 h_i 值。

用能耗曲线进行负荷分配的方法，各厂并不一样，常用的：1）等功耗分配法。即保持每架轧机所消耗的功率相等。对热连轧机组，在前几架电机容量相等时，用作初分配的方法；2）等相对功率分配法。当连轧机组各机架主电机容量并不相等时，按照各架轧机的相对电机容量进行分配，设精轧机组的总功率 N_Σ 为 $\sum\limits_{i=1}^{n} N_i$，相应的单位能耗为 w_Σ，则应分配到各架轧机的能耗应为 $w_i = w_\Sigma \dfrac{N_i}{N_\Sigma}$，对于各架轧机的主电机来说，就是等相对负荷分配的原则；3）负荷分配系数或负荷分配比法这是根据生产实践的能耗经验资料总结归纳出来的比较实用和可靠的方法，在生产中经常被采用。负荷分配比是指累积负荷分配比（有时也指单道负荷分配比），根据分配比即可求出板带轧后厚度和压下量。各轧机有各自标准的负荷分配比。

（1）速度制度。热连轧带钢速度制定原则与中厚板轧制相似，速度图可选用三角形或梯形。无论何种速度图，粗轧机组确定咬入转速时应考虑咬入条件，当咬入不限制压下量时，根据间隙时间确定。如第一道待钢和第二道等待立辊侧压时可以高速咬入，第二道间隙时间短则低速咬入。抛出速度根据该道后间隙时间确定，如第一道后由调整压下螺丝所决定的间隙时间较少，若抛出速度过高，则由辊道制动和返回时间可能超过调整压下螺丝所需时间而使间隙时间延长，生产率下降，因此，应采用低的咬入速度。第二道后，由于立辊需要侧压，可用较高抛出速度。第三道后，若轧件进入下一机座轧制，可用最高轧制速度抛出。

制定精轧速度制度主要有穿带及抛尾过程加减速制度，选择末架最大轧制速度以及计算各架转速及调速范围。近代带钢热连轧机精轧一般采用二级加速和一级减速轧制方法，即带钢在精轧机以 10~11m/s 左右恒速运转下进行穿带，并在卷取机实现稳定卷取后，开始进行第一次加速，待精轧速度增至某一数值使设备接近于满负荷运转前，开始第二级加速。当轧机转速达到稳定轧制阶段最大转速时加速结束。当带钢尾部离开第三架时，轧机以一级减速度减速至咬入速度等待下一根带钢轧制。第一级加速度数值较高，目的是迅速提高轧制速度，使设备尽快接近满负荷运转，以求最高产量，一般为 $0.5 \sim 1.5 \mathrm{m/s^2}$。第二级加速度为温度加速度，利用加速轧制时变形热给带钢以温度补偿，减少后继金属与带钢头部温差，此加速度值较前者低，一般为 $0.025 \sim 0.125 \mathrm{m/s^2}$。如果带钢尾部以 $15 \mathrm{m/s}$ 以上速度高速抛出，会产生很大的冲击，甚至有时造成带钢撕裂。为避免此情况发生，一般在带尾到达第四架或第五架时使整个连轧机组连同输出辊道与卷取机一并以较大减速度（$0.5 \sim 1 \mathrm{m/s^2}$）减速，使带钢尾部在 $15 \mathrm{m/s}$ 以下速度抛出。

精轧机组末架轧制速度决定着轧机产量和技术水平，目前普遍超过 $20 \mathrm{m/s}$，一般薄带钢为了保证终轧温度用高轧制速度，轧制宽度较大及强度较高带钢时，考虑设备负荷增大和电动机功率增加，应采用低一些轧制速度。精轧机组各架速度应满足体积不变条件，即：

$$h_1 V_1 = \cdots = h_i V_i = \cdots = h_n V_n (i = 1,\ 2,\ \cdots,\ n)$$

或

$$h_1 V_1 (1 + S_1) = \cdots = h_i V_i (1 + S_i) = \cdots = h_n V_n (1 + S_n)$$

式中　i——机架号；

　　h_i——第 i 架出口板带厚度；

　　V_i——第 i 架出口速度；

　　S_i——i 架的前滑值。

精轧机组各架转速确定除应满足体积不变外，还应有较大的调速范围，以保证不同品种要求。

（2）逐道温降确定。热连轧带钢轧制温降可按下式计算：

$$\Delta t_2 = T_1 - \frac{T_1}{\sqrt[3]{1 + 0.0257 k_1 \dfrac{Z}{h} \left(\dfrac{T_1}{1000}\right)^3}}$$

式中　Δt_2——前道次轧制到后道次轧制温降；

　　k_1——系数，粗轧取 1.5，精轧 2.0。

带坯在中间辊道冷却也按辐射散热计算。进入精轧第一架温度 T_1 为：

$$T_1 = \frac{T_0}{\sqrt[3]{1 + 0.0386 \dfrac{Z}{h} \left(\dfrac{T_1}{1000}\right)^4}}$$

终轧温度 T_2 为：　　　$$T_n = \frac{T_1}{\sqrt[3]{1 + 0.0515 \dfrac{S_0 (n - 1)}{V_n h_n} \left(\dfrac{T_1}{1000}\right)^4}}$$

式中　T_0——粗轧轧完绝对温度。

当确定了初轧机组、精轧机组的压下规程和速度制度后，则热轧带钢的轧制规程已初步确定。

3.6.2.2　热连轧机组轧制规程设定步骤

（1）输入给定的数据。带坯的厚度和宽度由粗轧机最后一架 R_4 后面的 γ 射线测厚仪激光电测宽仪测得。进入精轧机组的带坯厚度，一般可根据成品厚度有规定的表格查出。成品厚度、终轧温度等根据技术要求皆有一定目标值作为输入给定数据。

（2）确定轧制总功率。当精轧温度和钢种已知时，利用能耗曲线确定由带坯轧成成品所需的总轧制功率。当精轧第一架 F_1 入口带坯厚度为 30mm，精轧末架出口成品厚度为 2.7mm 时，由能耗曲线 1 可查得所需总功率为 29.8kW·h/t。

（3）负荷分配。机组总功率消耗得到后，可以根据具体设备条件和原则要求，采用上述负荷分配方法确定产品在各机架上的负荷分配比。例如，轧制 2.7mm 厚、1000mm 宽的产品时，进行各机架的负荷分配。

（4）确定各机架出口厚度。根据各机架的负荷分配比，计算出各机架的累积能耗，即可查出对应的各机架轧出厚度，或用公式计算出各机架的出口厚度。

（5）确定最末架 F_7 的出口速度 v_7 和各机架的穿带速度和轧制速度。精轧末架轧制速度应该在电机能力允许的条件下，根据最大产量来决定。末架的传带速度依带钢厚度不同在 4~10m/s。带钢厚度减小，穿带速度增加。其他各机架的传带速度和轧制速度则根据秒流量的原则确定。

（6）功率校核。各机架轧制速度确定后，用能耗曲线进行功率校核。各机架所需的功率（N_i）为：

$$N_i = (w_i - w_{i-1})V \times 3600$$

式中　w_i——i 架的单位能耗；

　　　　V——金属秒流量。

按此计算的各架所需功率，校验各架电机能力是否超过负荷。应使计算的值小于电机的额定功率。

（7）轧制压力的计算。计算方法基本上与中厚板规程相似。为计算平均单位压力，必须计算金属变形抗力和应力状态影响系数，而为了计算金属变形抗力，又必须计算各架轧制温度、变形程度、变形速度、考虑轧辊压扁影响的变形区长度等。

在热连轧带钢时，由于单位压力较大，故计算轧辊半径时必须考虑弹性压扁的影响。考虑压扁以后的轧辊半径 R 采用以下公式计算

$$R' = R\left(1 + \frac{2CP_0}{b\Delta h}\right)$$

$$C = 8(1 - \nu^2)/\pi E$$

式中　E，ν——分别为轧辊材料的弹性模数及泊桑系数。

压扁后的变形区长度：　　　　　$l' = \sqrt{R'\Delta h}$

（8）各机架空载辊缝值的设定。在轧制过程中，轧辊和机架部件必然产生一定的弹性变形，通常称为轧机弹跳。轧机的弹跳反映到钢带上，就使原来设定的压下量减小，轧出厚度增厚；同时由于轧辊弯曲变形，使钢带的板形发生变化，从而造成辊缝设定和轧机调整上的困难。由于轧机的弹跳，应使轧出的钢带厚度 h 等于原来的空载辊缝值加上弹跳

值，轧机弹跳值按弹性变形与应力成正比的关系，则：

$$h = S_0 + P/K$$

式中　　S_0——空载辊缝值，mm；

　　　　K——轧机刚性系数，kN/mm；

　　　　P——轧制压力，kN。

实践表明，轧机的弹性变形与轧制压力并非完全的线性关系，而是在压力小时呈曲线关系，只有当压力增大到一定值以后，才呈线性关系。因此在压力小时，引起的变形很难精确确定，这使辊缝的实际零位很难确定。为消除非线性区的影响，使辊缝有一个确定的零位作为轧机调整的共同工作点，对轧机进行"零位调整"。所谓零位调整就是在开动压下电机轧辊预先压靠到一定程度，然后将此时的辊缝值定为零位，即将示数器拨到"零位"，以后轧制过程即以此零位作为各道次共同工作的基础，进行压下调整。

$$h = S_0 + \frac{P - P_0}{K}; \quad S_0 = h - \frac{P - P_0}{K}$$

式中　　P，P_0——轧制压力及零位调整时的预压靠力，kN；

　　　　S_0——考虑零位调整的空载辊缝，mm；

　　　　h——带钢轧后厚度，mm。

用上式计算空载辊缝的精度不高。为提高预报精度，实际控制还需要加以修正和补偿：1）轧机刚度补偿：由于轧机刚度也依所轧板带宽度 B 而变化，故实际轧机刚度应等于 $[K - \beta(L - B)]$，其中 L 为辊身长度，β 为该轧机的宽度修正系数，β 与 K 均可根据实测预先求出；

2）油膜厚度补偿：由于在油膜轴承中油膜厚度随轧制速度和轧制压力而变化，即当加速时油膜厚度变厚，压力增大时油膜变薄，因此须以调零时的轧辊转速 N_0 和轧制压力 P_0 为基准，用下式对油膜进行修正：

$$\delta = C(\sqrt{N/P} - \sqrt{N_0/P_0}) \frac{D}{D_0}$$

式中　　N，P——实际轧制时轧辊转速及轧制压力；

　　　　D_0，D——标准轧辊直径和实际轧辊直径；

　　　　C——常数。

压下的零位还经常由于轧辊热膨胀和磨损而发生变化，从而影响到带钢厚度。对于这种变化，可根据每个带卷的实测厚度误差，用自学习反馈来监视修正。故往往将此修正项称为测厚仪常数项。因此实际的压下位置设定值应为：

$$S_0 = h - \frac{P - P_0}{K - \beta(L - B)} + \delta + G$$

式中　　δ，G——油膜厚度修正项及测厚仪常数项。

3.6.3　冷轧板带钢轧制规程制定

冷轧板带钢轧制制度主要包括压下制度、速度、张力制度和辊型制度等。其中冷轧压下规程的制定一般包括原料规格的选择、轧程方案的确定以及各道次压下量分配与计算。

3.6.3.1 冷轧压下规程制定

（1）坯料的选择。冷轧板带坯料为热轧板带。坯料最大厚度受咬入能力和设备条件（轧辊强度、电机功率、允许咬入角、轧辊开口度等）的限制；坯料最小厚度应考虑热轧带钢的供应情况、成品厚度和组织性能。为满足产品的最终组织性能要求，坯料厚度选择必须保证一定的冷轧总压下率。例如，汽车板必须有30%以上（一般是50%~70%）的冷轧总压下率，才可以获得所要求的晶粒组织和深冲性能。硅钢板也需要一定的冷轧变形程度才能保证其电磁性能。不锈钢板为了表面质量也要求一定的冷轧总压下率，此外，选择坯料厚度时，要考虑热轧生产的供坯可能性、合理性和经济性和冷轧机生产能力的提高。

（2）冷轧轧程。冷轧轧程是冷轧过程中每次中间退火所完成的冷轧工作。冷轧轧程的确定主要取决于所轧钢种的软硬特性、坯料与成品的厚度、所采用的冷轧工艺方式和工艺制度以及轧机的能力等因素，并且随着工艺和设备的改进与革新，轧程方案也在不断变化。例如，选用润滑性能更好的工艺润滑剂，或采用直径更小的高硬度工作辊都能减少所需要的轧程数。因此，在确定冷轧轧程时，需考虑已有的设备与工艺条件，还应充分研究各种提高冷轧效率的措施。

（3）各道压下量分配。冷轧各道次或连轧各机架压下量的分配，基本上仍应遵循前述制定轧制制度的一般原则和要求。冷轧板带时许用的最大咬入角在很大程度上取决于轧制速度、轧辊材质及表面状态、钢种特性及轧制时润滑情况等。冷轧时可由下式求出最大压下量 Δh_{max}：

$$\Delta h_{max} = R \cdot f^2$$

式中　R——工作辊半径，mm；

　　　f——摩擦系数。

冷轧时的摩擦系数与采用的润滑剂品种及轧辊的表面状态有关。在研磨的轧辊上平整钢板时，若无润滑，可取 $f = 0.12 \sim 0.15$。轧制速度 $v \geqslant 5 \text{m/s}$ 时，摩擦系数取较小值。轧制有色金属时，摩擦系数比表列数值约大 10%~20%。

冷轧时的摩擦系数与轧制速度有关，随着轧制度速度的增大，摩擦系数有所降低。

分配各机架的负荷，也如热连轧带钢一样，采用能耗法。例如，若有类似轧机的单位能耗曲线资料，则可直接确定各架负荷分配比，算出压下量，其方法与热连轧带钢相类似。但有时不易找到正好合适的能耗资料，也可根据经验采用分配压下系数，令轧制中的总压下量为 $\sum \Delta h$，各道压下量 Δh_i 为：

$$\Delta h_i = \eta_i \sum \Delta h$$

式中　η_i——压下分配系数。

在研磨的轧辊上冷轧钢板时的 f 值见表 3-2。

表 3-2　在研磨的轧辊上冷轧钢板时的 f 值

带钢品种	润滑剂	f	带钢品种	润滑剂	f
薄钢带	棕榈油	0.03~0.05	扇钢、钢板	乳化矿物油	0.07~0.10
	乳化棕榈油	0.05~0.065			
	橄榄油	0.055		乳化棕榈油（蓖麻油）	0.06~0.08
	蓖麻油	0.045			
	羊毛脂	0.04			

冷轧时 f 值与轧制速度的关系见表 3-3。

表 3-3 冷轧时 f 值与轧制速度的关系

润滑剂	轧制速度/m·s^{-1}			
	3 以下	10 以下	20 以下	大于 20
乳化液	0.14	0.10~0.12	—	—
矿物油	0.10~0.12	0.09~0.10	0.08	0.06
棕榈油	0.08	0.06	0.05	0.03

为了使轧制稳定，第一道压下率不宜过大，但也不应过小。在第一道次，由于后张力太小，而且热轧料的板形和厚度偏差不均匀，甚至呈现浪形、瓢曲、镰刀弯或楔形断面，致使轧件对中难以保证，给轧制带来一定困难；此外，前几道有时还要受咬入条件的限制。有的钢种（如硅钢）往往第一道宁可采用大压下量，以防止边部受拉，造成断带。中间各道次（各机架）的压下分配，基本上可以充分利用轧机能力出发，或按经验资料确定各架压下量。最后 1~2 道（架）为了保证板形及厚度精度，一般按经验采用较小的压下率。但对于连轧机上轧制较薄的规格，例如，镀锡板，则应使最末两架之间的轧件要尽量厚一些，以免由于张力调厚引起断带，这样末架的压下率就可能要增大到 35%~40%。

（4）张力选择。制定冷轧带钢的轧制规程时，在确定各道（架）的压下制度及相应的速度以后，还必须选定各道（架）的张力制度。这也是冷轧带钢轧制规程的另一个特点。在确定各架压下分配系数，即确定各架压下量或轧厚度的同时，还须根据经验选定各机架之间的单位张力。在计算机控制的现代化冷连轧机上，各类产品往往都有事先制定的压下分配系数表和单位张力表，供设定轧制规程之用。

（5）计算轧制压力。对于冷轧板带钢的压力计算，一般说来，Bland-Ford 公式及其简化形式 R. Hill 公式较为符合实际。故计算机控制的现代冷连轧机常用它作为轧制压力模型。但对于手工计算轧制压力的场合，此公式却过于复杂，不便计算。而 M. D. Stone 公式由于用图解法确定考虑轧辊弹性压扁后的变形区长度，使计算简化，故常被应用。

$$\bar{p} = (1.15\,\bar{\sigma}_s - \bar{Q})\frac{e^\chi - 1}{\chi}$$

$$\chi = \frac{f\,l'}{\bar{h}}$$

式中 $\bar{\sigma}_s$ ——对应于冷轧平均总压下率的平均屈服应力，平均总压下率 $\sum\bar{\varepsilon} = 0.4\varepsilon_0 + 0.6\varepsilon_1$，其中 ε_0，ε_1 分别为变形区入口和出口的冷轧总压下率；

  $\bar{Q}$ ——平均单位张力；

  f ——轧制时的摩擦系数；

  $\bar{h}$ ——该带钢在变形区的平均厚度；

  l' ——考虑轧辊压扁后的变形区长度。

利用 Stone 公式计算轧制压力所需用参数。

（6）校核。常用的压下规程设计方法是：先按经验并考虑到规程设计的一般原则和要求，对各道（架）压下量进行分配；按工艺要求并参考经验资料，选定各机架（道）间的单位张力；校核设备的负荷及各项限制条件，并作出适当修正。即分配好各架的压下量，求出各架的轧制速度，计算轧制压力，校核设备强度及咬入等工艺限制条件。

电机功率校核可以由计算轧制压力、轧制力矩、静力矩、动力矩等数值与主电机额定力矩进行比较，也可以利用能耗曲线校核主电机功率，其算法是用所选定的前后张力值代入下式：

$$N_i = h_i v_i B [3600\gamma\omega + (Q_0 - Q_1) \times 10^3]$$

式中　　h_i, v_i——分别为轧出带钢的厚度和速度；

　　　　γ, ω——分别为钢的比重及该架单位能耗；

　　　　Q_1, Q_0——分别为前、后张力；

　　　　B——分别为带钢宽度。

计算出各架轧制功率 N_i 以后，与电机额定率 N_H 比较。应使各架负荷较满但要留有余量。

（7）计算空载辊缝。空载辊缝设定值按弹跳方程进行计算，这与热连轧带钢的计算相同。

3.7　板带钢技术的发展

轧件变形和轧机变形是在轧制过程中同时存在的。我们的目的是要使轧件易于变形和轧机难于变形，亦即发展轧件的变形而控制和利用轧机的变形。出于板、带轧制的特点是轧制压力极大，轧件变形难，而轧机变形及影响之大，因而使这个问题就成为板、带轧制技术发展的主要矛盾。

要使板、带在轧制时易于变形，主要有两个途径：一是努力降低板、带本身的变形抗力（可简称内阻），其最有效的措施就是加热件在轧制过程中抢温保温，使轧件具有较高而均匀的轧制温度；二是设法改变轧件变形时的应力状态，努力减小应力状态影响系数，减少外摩擦等对金属变形的阻力（简称外阻），甚至化害为利以进一步降低金属变形抗力。至于控制和利用轧机的变形，则包括了增强和控制机架的刚性和辊系的刚性、控制和利用轧辊的变形以及采用液压弯辊与厚度和板形自动控制等各种实用技术措施。

3.7.1　围绕降低金属变形抗力（内阻）的演变与发展

板材最早都是成张地在单机架或双机架轧机上进行往复热轧的。这种轧制方法只适宜于轧制不太长及不很薄的钢板，因为这样才有利于轧制温度的保持，使轧制时有较低的变形抗力。对于轧制厚度 4mm 以下的薄板，出于温度降落太快反轧机弹跳太大，采用单张往复热轧十分困难。为了生产这种薄板，便只好采用叠轧的方法。因为只有通过叠轧使轧件总厚度增大，并采用无水冷却的热辊轧制，才能使轧制温度容易保持及克服轧机弹跳的障碍，以保证轧制过程的顺利进行。这种叠轧方法统治薄板生产达百年之久，直到现今在很多工业落后的国家还仍然采用。这种轧制方法的金属消耗大、产品质量低、劳动条件差、生产能力小，显然满足不了国民经济发展日益增长的需要。鉴于单层轧制薄而长的钢板时温度降落得太快，如果不叠轧，便必须快速操作和成卷轧制，才能争取有较高的和较均匀的轧制温度。这样，人们便很自然地想到采取成卷连续轧制的方法。

　　第一台板、带钢半连续热轧机在 1892 年建立，但由于受当时技术水平的限制，轧制速度太低（2s 以下），使轧件温度降落太快，故并不成功。直到 1924 年第一台宽带钢连轧机在美国以 6.6m/s 的速度正式生产出合格产品。自 20 世纪 30 年代以后，板、带钢成卷连续轧制的生产方法得到迅速发展，在工业先进国家中很快占据了板带钢生产的统治地位。

　　根据 1964 年日本统计资料（见表 3-4），将热连轧机和叠轧薄板轧机进行比较，便可看出连轧方法的巨大优点。各种轧机经济指标比较见表 3-5。

表 3-4　热连轧机与叠轧薄板轧机经济指标比较

轧机类型	劳动生产率 /t·（人·h）$^{-1}$	成材率 /%	轧机生产率 /t·h^{-1}	每吨设备产量 /t·（t·年）$^{-1}$	热量消耗 /4.18kJ·t^{-1}	电力消耗 /kW·h·t^{-1}	轧辊消耗 /kg·t^{-1}
叠轧轧机	58	84.2	4.1	40	1156	205	22
热连轧机	1336	96.5	235	145	452	87	1.4

表 3-5　各种轧机经济指标比较

项　目	半连轧机（190 万吨）	连续轧机（300 万吨）	行星轧机（72 万吨）
全部投资/万美元	6300	8900	960
其中机械设备投资/万美元	1450	2450	415
每吨产品投资/美元	33.2	29.7	13.3
每吨产品生产成本/美元	16.4	14.8	9.9

　　连轧方法是一种高效率的先进生产方法。虽然它的出现在很大程度上解决了优质板、带钢的大规模生产问题，仅其建设投资大、设备制造难、生产规模只适合于大型钢铁企业的大批量生产。对于批量不大而品种较多的中小型企业，若想采用先进的成卷轧制方法，还必须另寻道路。显然，可逆式轧机更加适合于这方面的用途。为了在轧制过程中抢温保温，人们便很自然地提出将板卷置于加热炉内边轧制边加热保温的办法，因而于 1932 年在美国创建了第一台试验性炉卷轧机，到 1949 年终于正式应用于工业生产。这种轧机的主要优点是可用较少的设备投资和较灵活的工艺道次生产出批量不大而品种较多的产品，尤其适合于生产塑性较差、加工温度范围较窄的合金钢板带。但出于它有着单机轧制的特点，故产品表面质量及尺寸精度都较差，其单位产量的投资要比连轧方法大一倍以上。

　　为了寻求更好的高效率轧制方法，20 世纪 40 年代以后人们又开始进行着各种行星轧机的试验研究。行星轧机的基本特点是利用分散变形的原理实现金属的大压缩量变形。由于大量变形热使轧件在轧制过程中不仅不降低温度，反而可升温 50~100℃，这就从根本上彻底解决了成卷轧制带钢时的温度降落问题。用行星轧机生产带钢与其他板、带钢生产方法的比较如表 3-5 及图 3-21 所示。由此可知行星轧机每吨产量的投资和成本与连续式轧机相比都大大地降低，在经济上行星轧机不仅要比炉卷轧机优越得多，而只甚至有赶上和超过连续式轧机的希望。显而易见，对中小型企业生产热轧板卷而言，行星轧机应该是大有发展前途的。

　　行星轧机虽有很多优点，但也还存在一些有待解决的问题。例如，它的设备结构较为复杂，制造与维护较难，要求上、下的各工作辊都必须严格保持同步，轧件严格对中，加之轴承易磨损，因而事故较多，作业率不高。此外，这种轧机的原料和产品都较单一，生产灵活性差，并且难以轧得太宽太薄。20 世纪60 年代出现的单行星辊轧机，免除了上下工作辊严格同步的麻烦，轧机结构大为简化，且使轴承座圈的结构更加强固。能承受更大的离心力，因而提高了轧制速度和生产能力。这种轧机若采用连铸薄板坯为原料，其生产灵活性也可增大。

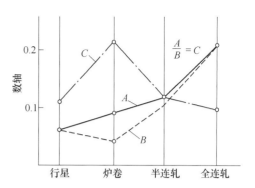

图 3-21　各种轧机经济指标比较

A—设备总投资；B—生产能力；
C—单位产量的投资

　　随着所轧板、带钢厚度的不断减小，当厚度小于 0.8~1.0mm 以下时，若仍成卷热轧，则轧制温度很难保持，并且轧制薄板还必须前后施加较大的张力，才能使板形平直及轧制过程正常进行，因顺便只好放弃热轧而采用冷轧的方法。虽然在冷轧之前及冷轧过程中，往往也采用退火来消除加工硬化，以降低钢的变形抗力，但就冷轧生产而言，占主要地位的技术措施已经不是去降低内阻，而是要努力降低外阻，例如努力减小工作辊直径及辊面摩擦系数等。

　　但是冷轧毕竟是金属变形抗力更大、耗能更多而已工序复杂的加工方式。能否不用冷轧而继续采用热轧或温轧的方法生产出厚度在 1mm 以下的薄带钢，这也是近代板、带钢生产技术的一个发展方向，并且一些工业发达的国家已经在着手研究。其生产试验方案之一如图 3-22 所示。在通常的热轧以后追加水冷装置和温轧机架，于铁素体珠光体领域，最好是铁素体单相区进行低温热轧或温轧，由追加的近距离卷取机进行卷取。试验表明，将这种板卷进行再结晶退火以后，具有与通常一次冷轧退火方法所得产品相同的深冲性能，而价格更为便宜。当进行通常的热轧时则停止附加喷水，在附加机列上进行奥氏体领域的热轧，经水冷后进行卷取。近年采用无头轧制技术的热连轧机和薄板坯连铸连轧机都能热轧 1.0mm，甚至 0.8mm 厚的带钢卷，并可以取代大部分的冷轧带钢。

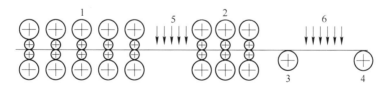

图 3-22　试验轧机布置举例

1—热轧精轧机列；2—附加机列；3—近距离卷取机；4—远距离卷取机；5，6—喷水

　　从降低金属变形抗力、降低能源消耗及简化生产过程出发，近代还出现了连铸连轧及无锭轧制（连续铸轧）等生产方法。这些新工艺在有色金属板、带及线材生产方面早已广泛应用，现正向钢铁生产领域延扩。早在 20 世纪 50~60 年代，苏联和中国即已采用连续铸轧的生产方法生产铁板及试验生产钢板厂。1981 年日本堺厂实现了宽带钢的连铸—直接轧制。1989 年及 1992 年德国 SMS 及 DMH 公司分别在美国和意大利实现了薄板坯连铸连轧和连续铸轧，就是明显例证。图 3-23 为各种金属连续铸轧机示意图。

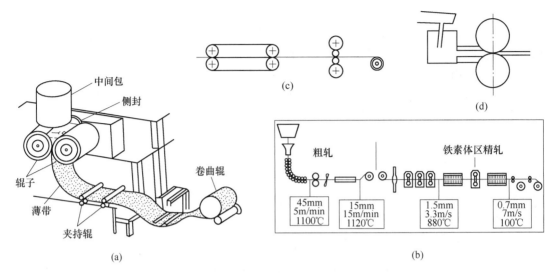

图 3-23　各种连续轧机示意图

（a）带材双辊直接铸轧机；（b）薄板坯连续铸轧、连铸-连轧生产线；（c）双带式铸轧机；（d）铝板铸轧机

3.7.2　围绕降低应力状态影响系数（外阻）的演变与发展

板带钢热轧时重点在降低内阻，但随着产品厚度减小，降低外阻也日趋重要。轧制厚度更薄而且又不加热的板、带钢，不仅内阻大，而且外阻更大。此时若不致力于降低外阻的影响，要想轧出合格产品就极其困难。故冷轧板、带时重点在降低外阻。通常降低外阻的主要技术措施就是减小工作辊直径、采用优质轧制润滑液和采取张力轧制，以减小应力状态影响系数。其中最主要、最活跃的是减小轧辊直径，由此而出现了从二辊到多辊的各种形式的板、带钢轧机。

板、带生产最初都是采用二辊式轧机。为了能以较少的道次轧制更薄更宽的钢板，必须加大轧辊的直径，才能有足够的强度和刚度去承受更大的压力，但是轧辊直径增大又反过来使轧制压力急剧增大，从而使轧机弹性变形增大，以致在轧辊直径与板厚之比达到一定值以后，就使轧件根本不可能实现延伸。这样，在减小轧制压力和提高轧辊强度及刚度的两方面要求之间便产生了尖锐的矛盾。为了解决这个矛盾，采用了大支撑辊与小工作辊分工合作的办法，使矛盾得到解决，最初带有支撑辊的轧机是 1864 年出现的三辊劳特轧机，接着就是 1870 年开始出现的四辊轧机。它采用小直径的工作辊以降低压力和增加延伸，采用大直径的支撑辊以提高轧机的强度和刚度。这样便大大提高了轧制效率和板、带钢的质量，能生产出更宽更薄的钢板。因此，无论是热轧还是冷轧，这种四辊轧机都能得到广泛的应用。通常四辊轧机多是采用工作辊传动，较大的轧制扭转力矩限制了工作辊直径的继续减小。因而在轧制更薄的板带钢时，还可以采用支撑辊传动，以便进一步减小工作辊直径，降低轧制压力，提高轧制效率。

四辊轧机纵然采用支撑辊传动，但其工作辊也不可能太小。因为当直径小到一定限度时，其水平方向的刚度即感不足，轧辊会产生水平弯曲，使板形和尺寸精度变坏，甚至使轧制过程无法进行。这样，在四辊轧机上轧制极薄带钢时，降低压力与保证轧辊刚度之间又产生了新的矛盾。因而为了进一步减小轧辊直径，就必须设法防止工作辊水平弯曲。六辊式轧机本来就是为解决这一矛盾而产生的。但由图 3-24 (d) 可以看出，六辊轧机由于几何上的原因，其工作辊直径若小于支撑辊直径的四分之一时，将使工作辊不能接触轧件。因而使工作辊直径的减小受到限制。为了达到更进一步减小工作辊直径的目的，1925年以后出现了罗恩（ROHN）型多辊轧机。但是罗恩型轧机对于宽板带钢的生产还嫌刚性不足。于是 1932 年以后，主要是第二次世界大战末期，又迅速发展了森吉米尔（SENDIZ-IMIZ）型多辊轧机。以 12 辊、20 辊轧机为代表的多辊轧机虽然能较好地满足了极薄带钢生产的要求。但也存在着缺点，主要是结构复杂，制造安装及调整都较难，一般轧制速度也不高。为了减轻制造和调整操作上的困难，于是又出现不对称式的多辊轧机，它采用直径相差很大的两个工作辊，如图 3-24 (g) 所示，以减小轧辊交叉所产生的影响，简化轧机的调整和板形控制。但它毕竟还相当复杂，一般多辊轧机的缺点并未在本质上得到改善。

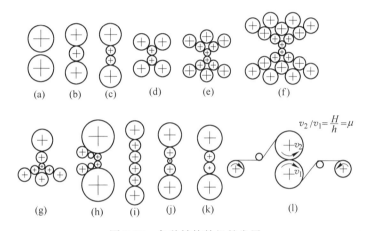

图 3-24　各种结构轧机的发展

(a) 二辊式；(b) 三辊式；(c) 四辊式；(d) 六辊式；(e) 十二辊式；(f) 二十辊式；

(g) 不对称八辊；(h) 偏八辊；(i) HC 轧机；(j) 异径五辊及泰勒轧机；

(k) 不对称异径四辊；(l) 异步二辊

　　1952 年出现的偏八辊轧机是生产中行之有效并受欢迎的轧机，其主要特点是在采用支撑辊传动的四辊冷轧机的工作辊一侧增加了侧向支撑辊. 并将工作辊的轴线偏移了支撑辊轴线的一侧，以防止工作辊的旁弯，从而可使工作辊直径大大减小，如图 3-24 (h) 所示。这种轧机由于工作辊游动而使咬入能力减弱，轧辊受力稳定性不够，不对称异径辊轧机采用游动的小工作辊负责降低压力。而用大工作辊提供咬入和传递力矩，避免了上述缺点；如图 3-24 (j)、(k) 所示，由于一个工作辊直径的减小，便大大减小了变形区长度和单位压力，从而不仅大幅度降低了轧制压力，而且还大幅度减小了轧制力矩和能耗，并显著改善了产品厚度精度和板形质量。

　　1971 年苏联发表了 B. H. Выдри н 等人的拔轧（ПВ）式异步轧机专利，轧制过程如图 3-24 (l) 所示，其要点为两辊速度不等，其速度之比等于伸长率，并且轧件对上、下辊有包角，其前、后加张力。上下两辊对接触表面上的摩擦力大小相等、方向相反，快速辊的前滑为零，即其接触弧上全为后滑区，而慢速辊则全为前滑区。再加上前后张力的影响，此时将减轻或消除摩擦力对应力状态的有害影响，在变形区造成相符于平面压缩-拉伸的异步轧制。由塑性变形原理已知，最有利的平面应力状态为所谓"纯剪"，该状态的主应力绝对值相等而符号相反，纯剪时变形抗力理论上约为金属平均屈服极限的60%，从而使轧制薄板时的压力得以大幅度降低。异步轧制还可以减少薄边和裂边，可进行良好的板形控制，提高厚度精度及轧机的轧薄能力，并可大大简化自动控制系统和提高其快速响应性。近代日本和中国在ΠB轧制法的基础上进一步研究，在普通四辊带钢轧机上实现了异步轧制，并取得成功。

其实，采用单传动辊轧制（例如，叠轧薄板）也自然地要使两工作辊产生一定的速度差，从而使轧制压力有所降低。例如，当单辊传动轧制两辊速度差5%～10%时，将在定的变形区长度上出现搓轧区，一般可能使轧制压力下降约5%～20%。由于单传动辊轧制时上下辊速度的配合是自然的，过程简单易行，无需复杂的控制系统，因而也很值得研究。日本新日铁室兰厂将1420mm热连轧机组最后三架改成单辊传动的异径辊轧机（图3-25），其工作辊的直径由665mm改成408mm，为游动辊。试验表明，轧制压力减少20%～40%，薄边大为减少，且小辊磨耗并无明显增加，取得了很好的效果。这主要是由于采用异径辊轧制的作用，与现代有意控制速比的异步轧制并不相同。

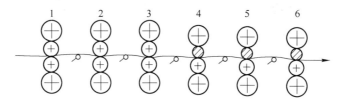

图 3-25　某厂热连轧机不对称异径轧制时轧辊的配置
游动的小工作辊（φ408mm）

在改进轧制润滑效率以降低外摩擦影响方面，值得指出的是热轧润滑的发展。如图3-26所示，热轧采用润滑后可使轧制压力减小约10%～20%，同时使所轧带钢的断面形状和表面质量也得到改善。此外，还可使轧辊的磨损消耗减少约30%（图3-27），延长了轧

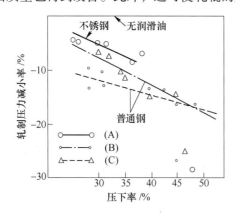

图 3-26　轧制润滑油对压力的影响
（A）—矿物油+菜籽油0.2%；（B）—矿物油+菜籽油0.3%；
（C）—牛油0.1%

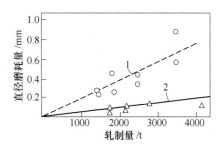

图 3-27　轧制润滑油对轧辊磨耗的影响
1—无润滑油；2—牛油润滑

辊的使用寿命，减少了轧辊消耗及换辊的时间。热轧润滑在油种选择上的要求基本上与冷轧相似，即要求其摩擦系数小，难以热分解，价格便宜和来源广阔。在给油的方法上要使油给到轧辊上不被水冲走，以充分发挥润滑效果。一般多在支撑辊出口侧给油，但也可在工作辊入口侧尽量靠近带钢的地方给油，都可收到较好的效果。

3.7.3 围绕减少和控制轧机变形的演变与发展

要减少轧机变形的不利影响，除上面所述的减小轧制压力的种种措施以外，主要就是增强及控制轧机（轧辊）的刚度和变形。

增大轧机刚度包括加大机架牌坊的刚度和辊系的刚度，例如，增大牌坊立柱断面、加大支撑辊直径、采用多辊及多支点的支撑辊、提高轧辊材质的弹性模量及辊面硬度等。由于钢板越宽愈薄越难轧，故薄带钢多辊轧机和宽厚板轧机便集中反映了这些特点。多辊轧机的工作机体为矩形整体铸成，既短又粗，刚性很强。宽厚板轧机牌坊立柱断面现已达 $10000cm^2$ 以上，牌坊重达 $250\sim450t$，轧机刚度系数增至 $8000\sim10000kN/mm$，支撑辊直径达 $2400mm$。冷轧机的刚度系数则最大达 $30000\sim40000kN/mm$。因此，为了提高轧机刚度，使得板、带钢轧机变得愈来愈粗大而笨重。

应该指出，为了提高板、带钢的厚度精度，并不总是要求提高轧机的刚度，而是要求轧机最好做到刚度可控。据此，在连轧机上最好采用所谓"刚度倾斜分配"的轧机，即在来料厚度不均影响较强烈的几架轧机采用大的刚度。而在以板形和精度要求为主的后几机架，特别是末架，则采用较小的刚度。例如，某厂五机架冷连轧采用了如图 3-28 所示的刚度分配，结果使板厚精度比一般连轧机有显著的提高。某一轧机的自然刚度系数虽然是不变的，但由于增设了液压装置，实际发生作用的轧机刚度系数随辊缝调节量的不同而不同，故称其为刚度可变，而此时的轧制称为变刚度轧制（此刚度为等效或当量刚度）。

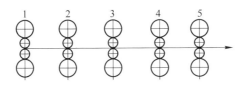

机架号	1	2	3	4	5
刚度系数/kN·mm⁻¹	35000	35000	7000	7000	2000

图 3-28 刚度倾斜分配的冷连轧机

轧机的刚度不论如何提高，轧机的变形也只能减小而不能完全消除。因而在提高轧机刚度的同时，还必须采取措施来控制和利用这种变形，以减小其对板、带钢厚度的影响。这就是要对板、带钢的横向和纵向厚度进行控制。如前所述，板、带钢纵向厚度的自动控制问题迄今可以说已基本解决。近年着重研究发展的是横向厚度和板形的控制技术。控制板形和横向厚差的传统方法是正确设计辊型和利用调辊温、调压下来控制辊型，但它们的反应缓慢而且能力有限。为了及时而有效地控制板形和横向厚差，近代广泛采用了"弯辊控制"技术。本来辊型快速调整装置在冷轧薄板的多辊轧机早已采用，例如，采用机械式调支撑辊弯曲变形（弯辊）的装置，使用效果很好。但对大型四辊轧机，辊型快速调整系统却只是 20 世纪 60 年代以来采用了液压弯辊技术以后才发展起来的。到 20 世纪 70 年代新建的大型四辊板带轧机几乎全都装设了液压弯辊装置，这样不仅可有效地提高了精度和保证了板形，而且还可以延长轧辊寿命，减少换辊次数，提高轧机产量。这种方法存在的问题是在对宽板带钢轧制时，工作辊的弯辊效果不大，而支撑辊的弯辊设备又过于庞大，轧辊轴承和辊颈要承受较大的反弯力，影响其寿命和精度，此外液压装置的使用和维护也较复杂，并且由于板形检测技术尚未过关，目前还很难实现自动控制。因此，人们又进一步研究新的控制板形和厚度的方法，近代出现的 HC 轧机以及很多控制板形的新技术和新轧机就是要更好地解决这个问题。

 练习题

3-1　推动板、带轧制方法与轧制机型式演变的主要矛盾为何？

3-2　板、带平直度（板形）控制方法主要有哪些？板型控制系统是如何构成的？

3-3　中、厚板轧制过程分为几个阶段？粗轧阶段有哪几种轧制方案各适用于哪种情况？

3-4　冷轧板带生产的主要工艺特点是什么？为何必须采用冷润和大张力轧制？

3-5　板带轧制是厚度波动的原因有哪些？试用弹塑性曲线分析厚度调整过程。

3-6　轧辊缝形状与哪些因素有关？怎样控制辊型？

3-7　一只 Q235 的板坯规格为 150mm×1400mm×2500mm，产品规格为 12mm×3000mm×14500mm，开轧温度为 1200℃，横轧时开轧温度为 1120℃；轧机为单机架四辊可逆式，设有立辊及高压水除鳞；工作辊直径为 ϕ930~980mm，支撑辊直径为 ϕ1660~1800mm，辊身长度 4200mmn，最大允许轧制压力为 4200×10^{2}N，扭转力矩为 2×224×10^{2}N·m，轧制速度为 2~4m/s，主电机功率为 2×4600kW，试制定其压下规程。

4 管材生产工艺

管材是指两端开口并具有中空封闭断面，其长度与横断面周长之比值相对较高的型材。由于钢管具有封闭的中空断面，最适宜于作液体和气体的输送管道，又由于它与相同横截面积圆钢或方钢相比具有较大的抗弯抗扭强度，也适于作各种机器构件和建筑结构钢材，被广泛用于国民经济各部门。各主要工业国家的钢管产量一般约占钢材总产量的 10%~15%，我国约占 7%~10%。

4.1 钢管分类及主要生产方法

4.1.1 钢管分类

钢管种类繁多，性能要求各异，尺寸规格很宽，目前可生产外径范围为 0.1~4500mm，壁厚范围为 0.1~100mm。为区分其特点，钢管通常按以下方法分类：

（1）按生产工艺可分为两大类：一类为无缝管，以轧制方法生产为主。无缝管又可分为热轧管、冷轧管和冷拔管等；另一类为焊接管，其从生产工艺上来看，主要包括电阻焊管 ERW（Electric Resistance Welding）、螺旋埋弧焊管 SSAW（Spirally Submerged ArcWelding）直缝双面埋弧焊管 LSAW（Longitudinally Submerged Arc Welding）和连续炉焊管生产工艺等。

（2）按断面形状分类，可分为圆管和异型管两类。其中异型管又可分为等壁异型管和不等壁异型管，以及纵向变截面管。

（3）按材质分类，有普通碳素钢、优质碳素结构钢、合金结构钢、合金钢、轴承钢、不锈钢和双金属等。还有表面采用镀或涂覆其他材料，镀锌、镀铅和涂塑管等。

（4）按管端形状分类，有不带螺纹的光管和带螺纹的车丝管。

（5）按管的厚薄分类，根据 D/S 的不同可将钢管分为特厚管：$D/S \leqslant 10$；厚管：$D/S = 10~20$；薄壁管：$D/S = 20~40$；极薄壁管：$D/S \geqslant 40$。

4.1.2 钢管技术要求

各种钢管的技术要求在国家标准（GB）、部颁标准（YB）或专门的技术协议中有明确的规定，其主要包括以下内容：

（1）品种规格。规定钢管应具有的断面形状、尺寸及其允许偏差、理论质量等。圆管规格通常以 D/S 表示，例如 $\phi 50 \times 2mm$ 表示钢管的外径为 50mm，壁厚为 2mm。尺寸精度有壁厚精度、外径精度和椭圆度等。

（2）表面质量要求。规定钢管的内外表面状态和表面允许缺陷的程度等。

（3）化学性能。规定钢种化学成分和 P、S 的最大含量以及试验方法等。

（4）组织和物理性能。规定钢种应具有的金相组织、力学性能和工艺性能等。

（5）检验标准。规定检验项目、取样部位、试样形状和尺寸、试验条件和方法等。在钢管生产中除了与其他钢材一样采用常规的试验项目外，为满足使用要求，尚需进行一些性能试验，如水压实验、压扁实验、扩口、卷边、弯管、通棒实验。

（6）交货标准。规定钢管交货验收时钢管的包装、标记的方法，以及质量证明书的内容。

4.1.3 钢管主要生产方法

钢管生产的一般模式为：坯料—成型—精整—检验——次产品—再加工—二次产品。

热轧无缝钢管：实心管坯—穿孔—延伸—定减径—冷却—精整。

焊管：板带坯料—成型为管筒状—焊接成管—精整。

4.2 热轧无缝钢管生产工艺

无缝钢管生产有100多年的历史。无缝钢管是一种具有中空截面、周边没有接缝的圆形、方形和矩形等钢材。无缝钢管是用钢锭或实心管坯经穿孔制成毛管，然后经热轧、冷轧或冷拔制成。无缝钢管具有中空截面，大量用作输送流体的管道，钢管与圆钢等实心钢材相比，在抗弯抗扭强度相同时，质量较轻，是一种经济截面钢材，广泛用于制造结构件和机械零件，如石油钻的钢脚手架等。

和其他热轧钢材一样，热轧无缝钢管的生产工艺过程包括坯料轧前准备、加热、轧制、精整、机械加工和检查包装等几个工艺环节，如图4-1所示为某厂热轧无缝管生产工艺流程图。

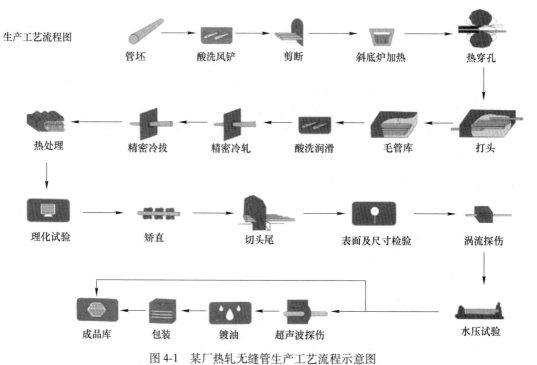

图 4-1 某厂热轧无缝管生产工艺流程示意图

其中：（1）管坯轧前准备包括检查、清理、剪断和定心等工序，与一般热轧钢材相比，多一个定心工序。

（2）热轧无缝管的轧制过程可分为：

1）穿孔：穿孔是在穿孔机上将实心管坯制作成空心厚壁毛管。毛管的内外表面和壁厚均匀性，都直接影响成品管的质量。

2）轧管：轧管是在延伸机上将穿孔后的毛管壁厚轧薄，延伸为接近成品管壁厚的荒管。达到成品管所要求的热尺寸和均匀性。

3）定（减）径：定径是最后的精轧工序，获得成品管要求的外径尺寸和精度。减径是将大管径缩减到要求的规格尺寸和精度，也是最后的精轧工序。

4）扩径：400mm 外径以上，设有扩径机组。

（3）热轧无缝管的精整包括锯断、冷却、热处理、矫直、切管（及端部倒棱）等工序，其目的是保证管材尺寸精度、表面状态、机械-物理性能等满足技术条件要求。

（4）热轧无缝管的检查和包装环节包括：横断面几何尺寸精度检测、表面质量检查和无损探伤，物理-机械性能检验，水压试验、长度测量、打印、涂油、打捆包装和称重等工序。

（5）热轧无缝管的机械加工环节只是对于某些钢管品种才是需要的，如石油钻采用管和地质钻探管须进行端头加厚、端头车丝和制做接头等机械加工。又如轴承钢管，按规定经球化退火和矫直后进行剥皮加工。

4.2.1 管坯及轧前准备

4.2.1.1 管坯种类的选择

管坯种类选择包括选定管坯断面形状、管坯钢冶炼方法和生产方法。管坯横断面的形状取决于穿孔方式：压力穿孔采用方形、带波浪边部的方形和多角形坯（锭）；挤压机组采用圆坯（锭）；推轧穿孔采用方坯；各种斜轧穿孔，需要采用圆形坯（锭）。

管坯钢冶炼方法和生产方法首先取决于钢管种类和技术条件，其次是穿孔方式，同时也与冶炼和浇注技术有关。通常是碳素钢和合金结构钢管坯大多用氧气顶吹转炉钢或平炉钢；合金钢和高合金钢管坯采用电炉冶炼，有特殊要求的则采用电渣重熔钢。压力穿孔和推轧穿孔的金属应力状态条件较好，变形量也小，故可采用钢锭或连铸坯为料。应力状态条件较差的二辊斜轧穿孔，穿孔变形量又大时，须采用轧坯或锻坯。狄舍尔穿孔和三辊斜轧穿孔有较好的金属应力状态条件，故可采用连铸坯。

热轧无缝钢管生产中，还采用离心铸造或旋转连铸的空心坯作为大口径管、可穿性低的高合金管和复合管的原料，并已提出广泛采用旋转连铸空心坯的设想，目的是省去穿孔工序以简化轧管生产过程。

4.2.1.2 管坯的技术条件

优质管坯既是生产高质量钢管的先决条件，又是保证生产过程特别是穿孔过程正常进行的重要条件。因此有关标准中对管坯有一定的技术要求，其质量要求的严格程度与钢管的品种、用途和穿孔方式有关。应力状态条件较好或变形量较小的穿孔方式，在不影响钢管性能的条件下，对管坯表面质量和内部质量的要求可以略为低些。应力状态条件较差的二辊斜轧穿孔（曼内斯曼穿孔），如果穿孔变形量较大，则对管坯表面质量和内部质量要求较严格的。

4.2.1.3　管坯检查和表面清理

对管坯严格检查和彻底清理表面缺陷，是确保钢管质量和提高成材率的重要措施。通常，管坯检查和表面缺陷清理应当在管坯生产厂完成。轧管厂则根据相应的技术条件，对管坯进行复验。清理方法与其他钢材一样，需以清理效率、成本、质量、金属损耗和管坯本身的自然性质等方面为依据综合加以考虑。

4.2.1.4　管坯切断

当管坯供应长度大于生产计划要求的长度时，需设管坯截断工序。管坯长度不应超过机组设备允许范围。穿孔轧制合金钢管时，管坯长度的大小还须考虑到穿孔顶头的寿命。

管坯切断方法有剪切、折断、锯切和火焰切割等四种。火焰切割法的操作费用最低，但金属耗损多，切割质量差，目前多用人工火焰切割作为补充的切断手段。

剪切法是生产效率较高、费用低的切断方法，目前直径或强度较小的低碳、中碳钢管坯和合金结构钢管坯主要用剪断法切断。为了提高剪切效率，已采用大吨位的剪断机实行双根切断。对于易产生剪切裂纹的管坯（如 30CrMnSiA 和 GCrl5 钢的管坯），剪切时将管坯预热至 200~300℃。

折断法用于大直径管坯或强度较高的管坯的切断，所用设备为折断压力机。折断过程是：先用火炬在预定折断处割一切口，然后放入折断压力机中用三角形斧刃加力而折断。支点间距为管坯直径的 4~5 倍。

锯切法是切断质量最好的方法，广泛应用于合金钢特别是高合金钢管坯的切断。采用的设备有弓形锯、带锯和圆锯等。高速钢扇形锯片的冷圆锯用于合金钢管坯锯断，硬质合金锯齿的冷圆锯用于高合金钢管坯锯断。

采用分段快速管坯加热炉的连轧管机组，进入加热炉的管坯必须有相当的长度，因此在加热炉后装设热锯或热剪来切断管坯。

4.2.1.5　管坯定心

圆管坯定心是指在管坯前端端面中心钻孔或冲孔，其目的是防止穿孔时穿偏，减小毛管壁厚不均，改善斜轧穿孔的二次咬入条件，使穿孔过程顺利地进行。

目前广泛采用的是效率高的热定心法。冷定心法仅在高合金钢或重要用途钢管生产中应用。

二辊斜轧穿孔时，定心孔直径约为管坯在斜轧穿孔时受复杂应力作用产生的中心疏松区的直径，其值等于 $(0.15~0.25)D_p$。定心孔深度视定心目的而定。碳素钢管坯，定心的主要目的是减小毛管前端壁厚不均，定心孔深度在 7~10mm；高合金钢管坯，还需利用定心来改善斜轧穿孔的二次咬入条件，其定心孔深度大（一般为 20~30mm）；某些可穿性低的高合金钢管坯，采用深孔钻通，以达到减小穿孔变形、储存顶头润滑剂和提高可穿性的目的。直径较小的管坯，可以利用二辊斜轧穿孔时因表面变形在管坯前端面形成的漏斗形凹穴来实现自动定心作用，直径小于 0.90mm 的管坯可以不定心。

有的工厂采用三辊斜轧机进行管坯热定心、定径和矫直。实践证明，三辊斜轧穿孔时，管坯中心金属处于三向压应力状态，中心形成一个"刚性核"，由表面变形所导致的管坯端面的凹穴很浅，起不到自动定心作用。因此，三辊斜轧穿孔用的管坯，最好都进行定心。

4.2.2 管坯加热

4.2.2.1 管坯加热要求

对管坯的加热有三个基本要求：（1）温度准确，保证穿孔过程在可穿性最好温度范围内进行；（2）加热均匀，力求管坯沿纵向和横向加热均匀，内外温差应不大于 30~50℃，最好在 15℃以下；（3）烧损少，管坯在加热过程中不致产生有害的化学成分变化（如脱碳或增碳），以确保钢管的性能。其是保钢管质量和穿孔过程正常所必需的。对于高合金钢和重要用途钢管，这种要求更为重要，也更为严格。例如，GCr15 钢管坯的加热温度超过 1150~1180℃时，斜轧穿孔的毛管会产生折叠和裂纹等缺陷，甚至会出现穿碎现象。但加热温度过低，既增加各轧制工序的能耗和工具消耗，还会恶化斜轧穿孔的二次咬入条件或造成轧卡故障。加热不均会造成毛管壁厚不均、穿破或引起轧卡故障。因此在热轧钢管生产中，对管坯加热质量的三个基本要求必须给予充分重视。

现代化的热轧无缝钢管机组中，除个别的连轧管机组采用分段式快速加热炉外，大都采用环形炉来加热管坯。加热长管坯时采用步进式炉。

4.2.2.2 管坯加热制度

管坯加热制度包括加热温度、加热时间及加热速度等参数。

决定斜轧穿孔时管坯加热温度的基本依据是：保证毛管穿孔温度在该钢号的塑性最好的温度范围内。如碳素钢的塑性最好的温度一般是低于固相线 200~250℃。但对合金钢和高合金钢，仅依靠相图确定是困难的，需用热扭转法或用测定临界压下率的方法来确定其塑性最好的温度范围，并以此作为该钢的穿孔温度范围。图 4-2 示出了 1Cr18Ni9Ti 钢的热扭转曲线。由图可知，1Cr18Ni9Ti 钢的穿出温度应不高于 1210℃，而以 1170~1200℃ 为好。

临界压下率是指斜轧时管坯开始出现撕裂时的直径压下率，测定其最简单的试验方法是：将圆柱形试样加热至不同温度后送往斜轧机中不带顶头空轧，并中途轧卡，然后将轧后的锥形试样剖开，测量有关尺寸，即可计算出临界压下率 ε_{li}（见图 4-3），即：

$$\varepsilon_{li} = (D_p - D_{li})/D_p$$

式中　D_p——圆柱试样直径，mm；

　　　D_{li}——轧后试料开始出现撕裂（中心或环形的）处的断面直径，mm。

临界压下率值最高的温度范围即为钢号的穿出温度范围。各钢号的临界压下率用其最大值来代表。临界压下率的大小反映出该钢号的可穿性，临界压下率越大，斜轧可穿性越好。

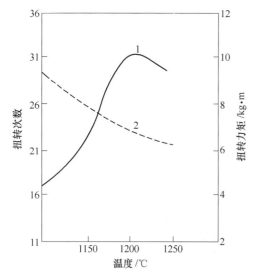

图 4-2　1Cr18Ni9Ti 钢的热扭转曲线
1—扭转次数；2—扭转力矩

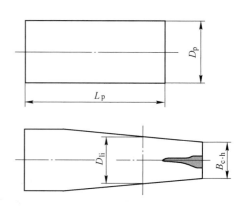

图 4-3　临界压下率测定方法图示

由于实验室条件与生产条件不同，因此在实验室中用此法确定其穿出温度范围，要经生产试用并加以修正。应当注意：确定加热温度和穿出温度时，还需考虑管坯的质量情况。例如，低压缩比的管坯低倍组织质量较差，非金属夹杂集聚程度大，易产生过热，故其加热温度和穿出温度应比同一钢号正常的情况略低些。

三辊斜轧穿孔时的管坯加热温度和穿出温度，目前尚未弄清它本身的规律。但初步实践认为，可采用二辊斜轧穿孔时的温度制度。

压力穿孔和推轧穿孔时，金属变形量很小，穿孔时没有金属温升，故加热温度高于穿出温度。因此在不过热的条件下应尽量提高加热温度，以保证有较高的穿出温度。

管坯（锭）的加热时间可以按经验式估算：

$$t_{jr} = K_{jr} D_p \tag{4-1}$$

式中　t_{jr}——管坯加热时间，min；

　　　D_p——圆坯直径（方坯以边长代入），mm；

　　　K_{jr}——管坯单位加热时间，min/mm 直径（边长）。

K_{jr} 值与钢种、管坯大小、炉子型式、供热能力和操作制度有关，见表 4-1。

表 4-1　管坯（轧坯）单位加热时间

钢　种	K_{jr}值/min·mm^{-1}	
	环形炉	斜底炉
碳素钢、低合金结构钢	5~6.5	6~7
合金结构钢	6~7	7~8
中合金钢	6.5~8	8~9
轴承钢	6~8	10~11
不锈钢、高合金钢	7~10	10~11

4.2.3 管坯穿孔

管坯穿孔是热轧无缝钢管生产中最重要的变形工序，它的任务是将实心坯穿制成空心毛管。按照穿孔机的结构和穿孔过程的变形特点，可将现有的穿孔方法分类如下：

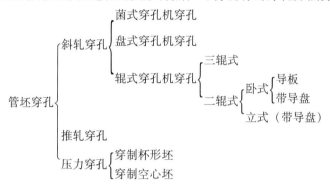

4.2.3.1 斜轧穿孔

斜轧成型的特点是轧辊轴线交叉一个不大的角度且旋转方向相同，轧件在轧辊交叉中心线上作螺旋前进运动的轧制过程。被广泛应用于穿孔、毛管延伸、均整、定径、扩径等变形工序。斜轧穿孔方法有三种方式：菌式穿孔机穿孔、盘式穿孔机穿孔和辊式穿孔机穿孔。

二辊斜轧穿孔机是德国曼内斯曼兄弟于1885年发明的，又称为曼内斯曼穿孔法，是目前应用最广泛的穿孔方法。其工作运动情况如图4-4所示，其是在两个相对于轧制线倾斜布置的主动轧辊、两个固定不动的导板（或随动导辊）和一个位于中间的随动顶头（轴向定位）构成的"环形封闭孔型"中进行的轧制。这种穿孔方法的优点是对心性好，毛管壁厚较均匀；一次延伸系数在1.25～4.5，可以直接从实心圆坯穿成较薄的毛管。问

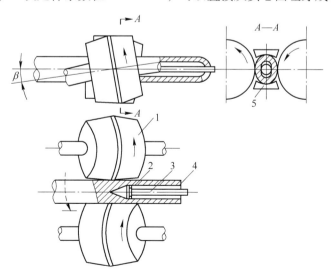

图4-4　二辊斜轧穿孔机结构示意图

1—轧辊；2—顶头；3—顶杆；4—轧件；5—导板

题是这种加工方法变形复杂，容易在毛管内外表面产生和扩大缺陷，所以对管坯质量要求较高，一般皆采用锻、轧坯。由于对钢管表面质量要求的不断提高，合金钢密度的不断增长，尤其是连铸圆坯的推广使用，现在这种送进角小于13°的二辊斜轧机，已不能满足无缝钢管生产在生产率和质量上的要求。因而新结构的斜轧穿孔机相继出现，这有三辊斜轧穿孔机、主动导盘大送进角二辊斜轧穿孔机等。

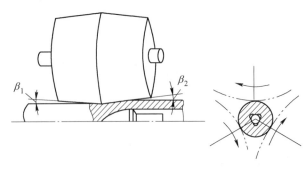

图 4-5　三辊斜轧穿孔机结构示意图

三辊斜轧穿孔机，轧辊形状与二辊轧机相同。三个轧辊也是同向旋转，互成 120° 角安放，全部是驱动辊，轧件能较稳定地处于轧制线上，因此取消了导板，如图 4-5 所示。与二辊斜轧穿孔机相比，此轧机孔型椭圆度更小，限制轧件横变形能力更强，使轧件轴心在横变形方向处于压应力状态，排除了产生孔腔的可能性。适合于轧制塑性较差且较难变形的有色金属及合金坯料，并可用铸坯直接穿制毛管，扩大了产品品种；同时，由于取消了导板，表面划伤减少，轧机调整简化，事故处理更容易。

　　但是，在穿轧管坯尾部时，当直径与壁厚比很大时，由于回转断面刚性变小，又没有后刚端限制，易出现尾三角现象，将金属挤入辊缝中。所以，三辊穿孔不能穿轧过于薄壁的毛管；而且穿孔时轴向推力比二辊大，增加了顶头顶杆系统负荷。所以只能穿制外径与壁厚之比小于 10 的厚管，限制了自己的推广。

　　狄舍尔穿孔机是 1972 年德国发明的，该机是主动导盘大送进角二辊斜轧穿孔机。固定导板被两个主动旋转导盘代替，如图 4-6 所示。由于导盘工作表面不断变化，散热条件好，寿命比导板提高 5 倍以上。虽然导盘制作费用比导板高，但最终费用仍低。盘缘切线速度一般比孔喉处轧辊切线速度大 20%~25%，导盘对变形区金属施加轴向的拉力，可使穿孔效率提高 10%~20%；大送进角在 18°以上，可使穿孔速度提高。此轧机缺点主要是轧件咬入和抛出不稳定，穿出的毛管首尾外径差大。为保证产品精度，多于其后增设空心坯减径机，给以一定程度减径量，消除毛管首尾外径差；同时还可以减少穿孔毛管和相应管坯规格数，极大地便利了生产管理和穿孔机操作调整。

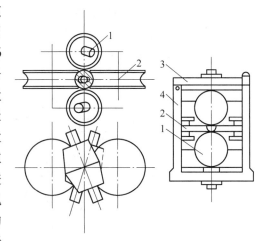

图 4-6　狄舍尔穿孔机结构示意图
1—轧辊；2—导盘；3—机架上盖；
4—焊接机座

　　双支座菌式穿孔出现于 20 世纪 80 年代，该机是主动回转导盘、大送进角菌式二辊斜轧穿孔机，这种穿孔机将传统的悬臂结构改进成轧辊由双支座支撑，成为实际上是一种带辊轧角的二辊式穿孔机，如图4-7所示。β 为18°以上大送进角，γ 为15°以上辊轧角，大大抑制了横锻效应，消除了切向剪切变形和表面扭转剪切变形，产品质量可与挤压媲美，可穿轧难变形金属。另外，由于轧辊直径由入口到出口不断增大，圆周速度不断增大，可使穿孔轴向滑移系数提高到0.9。

4.2.3.2 压力穿孔

顶管机组和皮尔格机组采用这种穿孔方法，实际是一种挤压冲孔法。它是将方形或多边形钢锭放入穿孔模内，通过冲头的压入作用，挤成中空毛管，穿孔结束后，用推杆将毛管从模中推出，其操作过程如图4-8所示。延伸系数一般为 1.0~1.1，穿孔比（毛管长度与内径之比）可达 8~12。

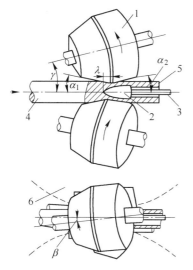

图 4-7 菌式二辊斜轧穿孔机示意图

1—轧辊；2—顶头；3—顶杆；
4—管坯；5—毛管；6—旋转导盘

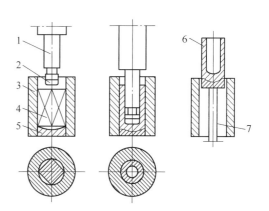

图 4-8 压力穿孔过程示意图

1—挤压杆；2—挤压头；3—挤压模；4—方锭；
5—模底；6—穿孔坯；7—推出杆

与二辊斜轧穿孔相比，这种加工方法的坯料中心处于三向压应力状态，外表面也承受较大压应力，因而内外表面穿孔过程中都不会产生缺陷，对管坯不用苛刻要求，可用于钢锭、连铸坯和低塑性材料的穿孔。压力穿孔主要缺点是生产率低，偏心率大。

4.2.3.3 推轧穿孔

推轧穿孔正式投产于1977年，用推料机将坯料推入由纵轧机孔型与顶头围成的变形区中穿孔成毛管，如图4-9所示。它是压力穿孔的改进形式，伸长率和穿孔比都大于压力穿孔，延伸系数可达 1.20，穿孔比可达 40，生产率较高，但穿偏仍很严重。因此，推轧穿孔后需配备 1~2 台斜轧延伸机，延伸率约在 2.05~2.34，同时纠正偏心引起的壁厚不均，纠偏率可达 50%~70%。

当只靠穿孔工序得不到要求的毛管尺寸时，须在穿孔和轧管工序之间增设延伸工序，其包括两种方式：一种是毛管既减壁又减径。用大管坯生产小口径管和轧管机所需毛管较厚时即采用此方式；另一种是只减壁不减径甚至是扩径。用小管坯生产大口径管或轧管

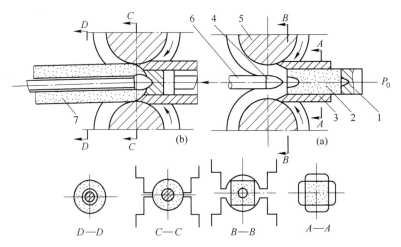

图 4-9   推轧穿孔原理示意图

（a）开穿时；（b）终穿时

1—推杆；2—方坯；3—导入装置；4—顶头；5—轧辊孔型；6—顶杆；7—毛管

机须采用较薄壁毛管时采用此种方式。

4.2.4   轧制

管材生产中，按产品品种规格和生产能力等要求的不同，需选用不同的热成型生产。由于轧件的运动条件、应力状态、道次变形量和生产率等条件的不同，须为其配备相匹配的穿孔及其他前后工序设备，因而不同的轧管机就构成了相应的热成型机组。常用的轧管热成型生产方法如下。

4.2.4.1   自动式轧管

1903 年，R.C. 斯蒂菲尔发明，主要生产外径在 400mm 以下的中小直径钢管。工作机架与普通纵轧机相比，主要特点是在工作辊后增设一对速度较高的与轧辊旋转方向相反的回送辊。其孔型为开口度较大的圆孔型（见图 4-10），能将由前台送入后台轧出的钢管自动回送到前台。在孔型中完成轧制过程的毛管，由于横向壁厚不均严重，需轧制多道次以消除之。在自动轧管机组中，靠回送辊回送至前台，翻钢 90° 再轧，同时更换芯头来实现。一般轧制两道次，第一道次完成主要变形，延伸系数为 1.3~1.8，第二道次延

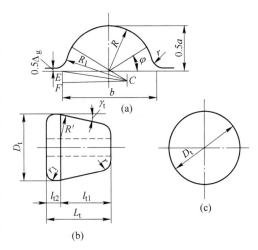

图 4-10   自动式轧管机的轧辊孔型和顶头

（a）轧辊孔型；（b）锥形顶头；（c）球顶头

伸系数为 1.05~1.25。两道次在同一孔型中完成。轧制时回送辊脱离毛管，回送时，上工作辊抬起，回送辊夹紧毛管完成回送。

如图 4-11 所示给出了自动式轧管机轧管过程，其生产工艺流程为：由斜轧穿孔机穿

出毛管，自动轧管机组延伸，斜轧均整机均匀壁厚，最后送往定径机。自动轧管机生产主要优点：短芯头轧制，更换规格时，安装调整方便；产品规格范围广；缺点：伸长率低，需配以大延伸量的穿孔机；横向壁厚不均严重，需配以斜轧均整机；轧制管长受顶杆长度及稳定性限制；回送、翻钢等辅助操作时间占整个轧制周期的 60% 以上，生产效率低。这类轧机现已停止发展。

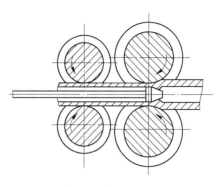

图 4-11 自动式轧管机轧管过程示意图

为克服自动轧管机生产的缺点，1959 年出现了单孔型自动轧管机，即将辊身缩短，变多槽轧制为单槽轧制；1974 年，前苏联出现了不需要回送毛管的双机架串列式布置自动轧管机；后来的双槽轧制、三机架轧制、自动更换顶头装置等的出现，都在相当程度上提高了自动轧管机自动化程度，改善了产品精度，扩大了产品规格。

4.2.4.2 连续式轧管

连轧管是将毛管套在长芯棒上，经过多机架顺次布置且相邻机架辊缝互错 90° 的连轧机轧成钢管。连轧管机有两种：一种是芯棒随同管子自由运动的长芯棒连轧管机；另一种是轧管时芯棒是限动的、速度可控的限动芯棒连轧管机。

浮动芯棒连续式轧管机的轧管过程如图 4-12 所示，其特点是：

（1）连轧机由 7~9 架二辊式轧机组成，机架与水平面成 45°布置，相邻机架互成 90°，轧机实行预应力调节（预应力轧机）。

（2）各机架由调节精度很高的直流电动机单独传动，传动布置在轧机两侧。最新的连轧管机是用与水平面成 45°倾斜安装的直流电动机直接传动轧辊（省去减速箱）。

（3）连轧管机后配有现代张力减径机。

（4）采用了最新的电控技术。

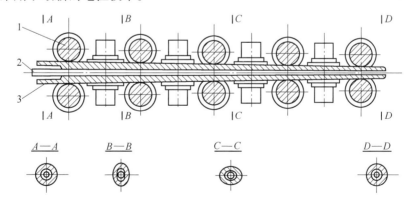

图 4-12 浮动芯棒连续式轧管机的轧管过程示意图
1—轧辊；2—浮动芯棒；3—毛管

它的主要优点是：

（1）高生产率，大多数机组年产量在 25 万~30 万吨左右，有的机组达 56.2 万吨，新设计的某 42~146 机组设计能力达 75 万吨/年。

（2）钢管质量较高，可以生产锅炉管、油井用管和中、低合金钢管。钢管表面质量和尺寸精度比自动轧管机的好。

（3）可以轧长管，管长可达 33m，经张力减径机后可达 160~165m。

（4）连轧管机可以承担较大的变形量，所需的毛管较厚，因而对管坯质量的要求可比自动轧管机低些。

（5）高度机械化和自动化，操作人员少。

（6）钢管成本较低。

限动芯棒连续轧管机的轧制如图 4-13 所示，限动芯棒就是轧制时芯棒自己以规定速度控制运行，它的操作过程如下：穿孔毛管送至连轧管机前台后，将涂好润滑剂的芯棒快速插入毛管，再穿过连轧机组直至芯棒前端达到成品前机架中心线。然后推入毛管轧制，芯棒按规定恒速运行。毛管轧出成品机架后，直接进入与它相连的三机架定径机脱管，当毛管尾端一离开成品机架，芯棒即快速返回前台，更换芯棒准备下一周期轧制。生产时只需四五根芯棒为一组循环使用。

与浮动芯棒连续式轧管机相比它具有以下优点：

（1）缩短了芯棒长度和同时运转的芯棒根数，降低了工具的储备和消耗使得中等直径的钢管有可能在这种类型的轧机上生产。

（2）连轧管机与脱管定径机直接相连、无需专设脱棒工序。

（3）轧制时芯棒恒速运行，各机架轧制条件始终稳定，改善了毛管壁厚外径的竹节性"鼓胀"。

（4）无需松棒、脱棒，可将毛管内径与芯棒间的空隙减小，使孔型开口处不易出耳子，可提前使用椭圆度小的高严密性孔型，控制金属的横向流动提高轧制产品的尺寸精度；可实现较大变形使轧机延伸系数达到 6.0；可采用较厚的穿孔毛管，提高轧后毛管的温度和均匀性。

主要缺点是回退芯棒延误时间，降低生产率，只适于中型以上机组使用。

4.2.4.3　三辊式轧管

三辊式管机目前可以生产 ϕ240mm 以下的钢管，管长达 8~10m。三辊式连轧管机充分利用了限动芯棒轧制壁厚精度高的优点，同时考虑提高机组生产能力，其芯棒的操作方式是：在连轧管机轧制过程中，采用限动芯棒操作方式，整个轧制过程中芯棒速度是恒定的，从而确保管子壁厚的精度，轧制不同的管子时芯棒的速度可在一定范围内调节；轧制结束后，即荒管尾部出精轧机后，芯棒停止前进，荒管在脱管机内继续前进，由脱管机将荒管从芯棒中抽出，芯棒不是回送，而是向前运行，穿过脱管机后，拔出轧制线，再回送、冷却、润滑循环使用。为此机组需要配置具备辊缝快速打开/闭合功能的三辊可调辊缝脱管/定径机型的脱管机，以确保在轧制薄壁管时芯棒安全通过脱管机。其优势是保留了原有限动芯棒连续轧管壁厚精度高的特点，又提高了轧制节奏，提高了生产率。

三辊式管机的特点是：容易生产厚壁管，产品尺寸精度高，钢管表面质量好，轧机调整方便，容易改变产品规格，轧管工具少且工具消耗少，易于实现自动化等。其缺点是生产率较低，需采用优质管坯，生产薄壁管比较困难等，这种方法目前主要用来生产轴承管和枪炮等高精度厚壁管。

阿塞尔轧管机 1933 年由 W. J.
阿塞尔发明的最早三辊轧管机,轧制
过程简示如图 4-13 所示。特点是无
导板长芯棒轧制,便于调整,更换规
格方便,适于生产高表面质量、高尺
寸精度的厚壁管。最大轧出长度 12~
14m,最大管径 270mm,壁厚公差可
控制在±3%~5%,外径差为±0.5%。
缺点是生产钢管的外径与壁厚比在

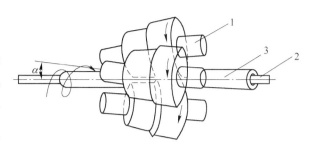

图 4-13 阿塞尔轧管机工作示意图
1—轧辊;2—浮动芯棒;3—毛管

3.5~11.0,下限受脱棒的限制,上限受到轧制时尾部出现三角喇叭口易轧卡的限制。

4.2.5 毛管精轧

毛管精轧包括均整机、无张力定减径机和带张力减径机。钢管定径、减径和张力减径
过程是空心体不带芯棒的连轧过程如图 4-14 所示。定径的任务是在较小的总减径率和小
的单机架减径率条件下将钢管轧成具有要求的尺寸精度和真圆度的成品管。其工作机架数
目较少,一般为 3~12 架。减径的任务除了起定径作用之外,还要求有较大的减径率,以
实现用大管料生产小口径钢管的目的,因而工作机架数目较多,一般为 9~24 架。张力减
径则除有减径的任务以外,还要达到利用各机架间建立张力来实现减壁的目的,因此其工
作机架数目更多,一般为 12~24 架,多至 28 架。

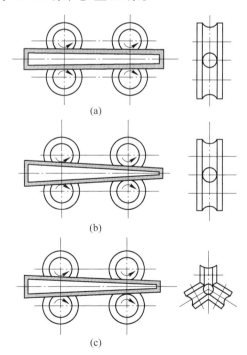

(a)

(b)

(c)

图 4-14 钢管定径、减径和张力减径过程示意图
(a) 二辊定径;(b) 二辊减径;(c) 三辊张力减径

4.2.5.1 均整机

也是斜轧轧管机，不过均整机上轧管时的变形量很小，它的作用主要是进一步展宽管壁以消除自动轧管机轧出管子的壁厚不均以及研磨钢管内外表面。均整机是固定短顶头上轧管的。由于前进角一般固定不变以及工具更换次数少等轧机结构较简单。

一般为两辊斜轧机，近年来发展了三辊均整机。三辊均整机的优点是产量高，比二辊均整机产量提高 0.5~1 倍，而且轧出的管子精度也较高。

4.2.5.2 减径机

减径机就是二辊或三辊式纵轧连轧机，只是连轧的是空心管体。二辊式前后相邻机架轧辊轴线互垂 90°，三辊式轧辊轴线互错 60°。这样空心毛管在轧制过程中所有方向都受到径向压缩，直至达到成品要求的外径尺寸和横断面形状。为了大幅度减径，减径机架数一般都在 15 架以上。减径不仅扩大机组生产的品种规格，增加轧制长度，而且减少前部工序要求的毛管规格数量，相应的管坯规格和工具备品等，简化生产管理。另外，还会减少前部工序更换生产规格次数，节省轧机调整时间，提高机组的生产能力。正是因为这一点，新设计的定径机架数，很多也由原来的 5 架变为 7~14 架以上，这在一定程度上也起到减径作用，收到相应的效果。

减径机有两种基本形式：一是微张力减径机。减径过程中壁厚增加，横截面上的壁厚均匀性恶化，所以总减径率限制在 40%~50%；二是张力减径机。减径时机架间存在张力，使得缩径的同时减壁，进一步扩大生产产品的规格范围，横截面壁厚均匀性也比同样减径率下的微张力减径好。所以张力减径近年来发展迅速，基本趋势是：

（1）三辊式张力减径机采用日益广泛，二辊式只用于壁厚大于 10~12mm 的厚壁管，因为这时轧制力和力矩的尖峰负荷较大，用二辊式易于保证强度。

（2）减径率有所提高，入口毛管管径日益增大，最大直径现在已达 300m。

（3）出口速度日益提高，现已到 16~18m/s。

（4）近年来投产的张力减径机架数不断增加，目前最多达到 28~30 架。

4.2.5.3 定径机

定径机和减径机构造形式一样，一般机架数 5~14 架，总减径率约 3%~7%。新设计车间定径机架数皆偏多。

三辊斜轧轧管机组，还设有斜轧旋转定径机，其构造与二辊或三辊斜轧穿孔机相似，只是辊型不同，在三辊斜轧轧管机组中与纵轧定径机连用，作为最后一道加工工序，控制毛管椭圆度，提高外径尺寸精度。

4.2.6 冷却和精整

4.2.6.1 钢管的冷却

经过热定径或减径后的钢管温度一般在 700~900℃。为便于以后精整，必须将其冷却至 100℃以下。钢管冷却一般在冷床上进行。冷床有链式、步进式和螺旋式三种。过去多采用结构简单的链式冷床。但因其易产生链条错位而使钢管弯曲，以及从输入辊道至冷床入口处不能自由收集钢管，故现已很少采用。步进式和螺旋式冷床均可保证钢管冷却后的弯曲度在±1.6mm/m 的范围内。前者的特点是结构简单，而后者是钢管在旋转前进中不存在滑移。二者相比，步进式较为优越。

钢管冷却方式随其材质而异。对于大多数钢种，采用自然冷却即可达到要求。对某些特殊用途的钢管，为保证其所要求的组织状态和物理、力学性能，必须有一定的冷却方式和冷却制度。例如，奥氏体不锈钢管，需要在一定温度终轧后，用水急冷以进行固溶处理，然后再送入冷床进行自然冷却。

4.2.6.2 钢管的精整

由于钢管的质量要求较高，以及在各生产工序中不可避免地会产生各种缺陷，因此钢管冷却后还必须进行精整和各种加工处理。如图 4-15 所示为不锈钢管和轴承钢管的精整和加工处理的工艺流程图。

图 4-15　不锈钢管和轴承钢管的精整和加工处理的工艺流程示意图

A　钢管的矫直

矫直工序的任务是消除轧制、运送、热处理和冷却过程中钢管产生的弯曲。此外还兼有减少钢管椭圆度的作用。

钢管矫直机的种类及其应用钢管矫直机可采用机械压力矫直机和斜辊矫直机。前者是最简单的矫直机，它适用于直径为 38~600mm，弯曲度在 50mm/m 以上的钢管矫直。它生产率低，需人工辅助操作，矫直质量亦不高，多用于钢管初矫。目前广泛采用的是斜辊矫直机。由于钢管在矫直辊间进行多次纵向反复弯曲，故可用为数不多的矫直辊完成钢管轴向对称的矫直。

斜辊矫直机的优点是：（1）由于工作过程是连续的，故具有较高的生产率；（2）由于矫直辊上、下间距可调，除可消除钢管椭圆度外，尚能确保矫直精度；（3）由于矫直辊具有特定的辊型曲线，这就保证了钢管与辊子有相应的接触面积，从而可保证钢管的矫直质量。

B　钢管的切断

钢管矫直后，经初次检查吹灰以确定切头长度。钢管在切管机上进行切断的目的是清除具有裂纹、结疤、撕裂和壁厚不均的端头，以获得所要求的定尺钢管。目前应用较广的切管设备是设有自动装卸料和集料装置的各种切断机床（切管机）。有的钢管厂采用热（冷）圆盘锯预锯切，再用切管机进行平头和倒棱。切头长度主要取决于生产方法和生产技术水平。

C　钢管的热处理

热轧状态下达不到技术条件所要求的力学性能和组织状态的钢管，如不锈钢管、轴承管、高压锅炉钢管等，在精整加工或交货前要热处理。如不锈钢管的热处理：按化学成分和组织特点不同，这种钢管可分为马氏体型、铁素体型和奥氏体型三类。如常温下为单一的奥氏体组织不锈钢管，钢管轧后必须进行固溶处理。即轧后的钢管再加热至 920～1180℃后进行淬火，淬火时应防止增碳，因为任何增碳都会使晶间腐蚀性能降低。轴承钢管轧后为得到均匀的球状珠光体组织，消除内应力和降低硬度，以便于矫直和切削加工，轴承钢管轧后必须进行球化退火。为使高压锅炉管具有足够的高温强度、高的塑性变形能力、小的时效和热脆倾向、足够的腐蚀稳定性和良好的工艺性能，其轧后必须进行正火和回火热处理。

D　钢管尺寸和质量检查

切断后的钢管要根据技术要求进行质量检查。检查内容包括逐个检查钢管的尺寸和弯曲度以及钢管内外表面质量，并取样抽查钢管的力学性能和工艺性能等。钢管几何尺寸和弯曲度的检查，可在检查台上用各种量具进行，也可采用自动尺寸检测装置（如激光测径、测厚、测长）进行连续检测。现代化的车间常采用后一种方式。

钢管外表面检查一般采用目检，而内表面除用目检外，尚可利用反射棱镜进行检查。目前，已开始利用各种无损探伤法（射线探伤、磁力探伤、超声波探伤、涡流和荧光探伤法等）。即在不损坏钢管的情况下，直接检查其内部和外表面缺陷。表面质量不合格的产品须进行修磨。外表面多采用砂轮机修磨，内表面多采用内磨床修磨。对某些表面质量要求严格的钢管则采用电抛光进行表面处理。

E　液压试验

凡用作承受压力的钢管均需在液压试验机上进行液压试验，以检查钢管承受压力的情况和进一步发现隐藏的缺陷。试验压力按有关标准规定进行。

F　涂油、打印、包装和特殊加工

经检查合格的钢管尚需进行分级、打印、涂油、然后包装入库。有些钢管根据工作条件的要求，还需进行一些特殊的加工工序，如管端加厚、管端定径、管端车簟、涂防锈剂和镀锌等。石油钻探管就是上述要求特殊加工的钢管之一。

4.3 常见焊管生产工艺

电焊管的生产方法很多，从成型手段来看主要有以下几种。

4.3.1 ERW 高频直焊缝电焊管生产工艺

高频直缝连续电焊管机组目前可生产 $\phi(45\sim660)\,\mathrm{mm}\times(0.5\sim15)\,\mathrm{mm}$ 的水煤气管道用管、锅炉管、油管、石油钻探管和机械工业用管等中小口径管。当采用排辊成型法时，产品规格可扩大到 $\phi(400\sim1220)\,\mathrm{mm}\times(6.4\sim22.2)\,\mathrm{mm}$。图 4-16 是小型高频直缝连续电焊管生产工艺流程示意图（无张力减径机）。

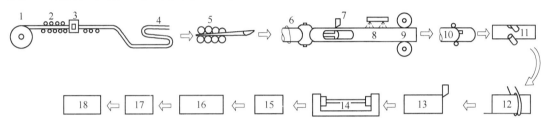

图 4-16　小型高频直缝连续电焊管生产工艺流程示意图
1—带钢卷；2—矫直；3—闪光对焊机；4—地下活套；5—成型机；6—焊接；7—刮削内外面焊刺；
8—冷却；9—定径机；10—切断；11—矫直；12—涡流探伤机；13—端面切削；14—水压试验；
15—检查；16—打印；17—涂油；18—包装

高频电焊管机组一般以冷、热轧带钢卷为原料。原料成型前经开卷、矫直、切头尾、端头对焊和剪边后再进入成型机成型和焊接。剪边的目的是使管坯沿长度方向宽度相等，以使成型后焊缝间隙一致，提高焊缝质量。为使成型焊接过程连续进行，除设置管坯端头对焊机外，还需设置活套装置。

钢管焊后用焊刺清除设备清除焊缝处的内外面焊刺（焊瘤）。外焊刺清除一般采用先刮削再用轧辊辗平的方法。由于钢管在焊接过程中受热受压而变形，为提高成品管外径尺寸精度和真圆度，焊接后的钢管，必须经过定径。定径后钢管锯切成定尺再进行矫直、平端头、水压试验、检查、车丝和涂层（或镀锌）等精整加工工序，最后包装出厂。设有张力减径机的机组，钢管经定径、切断、再加热和张力减径后，再进行上述的精整加工工序。

4.3.1.1 中小口径电焊管的成型

中小口径电焊管主要采用连续辊式成型法，也采用排辊成型法。

A　连续辊式成型法

连续辊式成型是将管坯在具有一定轧辊孔型的多机架轧机上进行连续塑性弯曲而成管筒，这是一种应用广泛的优质高效率的中小口径电焊管成型方法。

成型机一般由 6~10 架二辊式水平机架组成，各水平机架间装设有被动的导向立辊，其功用是防止管坯窜动，使之正确导向并防止带钢回弹，水平机架数目取决于钢管规格。

水平机架有悬臂式和支点式两种，小口径或薄壁管可采用换辊方便的悬臂式，较大口径的管采用刚度大的双支点式。

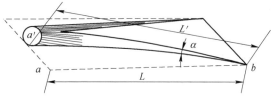

图 4-17　连续辊式成型示意图

连续辊式成型过程相当于连续板冲压过程，管坯进入轧辊孔型时，管坯边缘逐步被升起，此时管坯边部不可避免地要产生拉伸，并因此而受拉力作用，如图 4-17 所示。

现有的连续辊式成型机孔型系有五种，但最常用的有两种如图 4-18 所示。第一种孔型系为单圆弧孔型系，如图 4-18（a）所示，孔型圆弧半径随成型道次增加逐渐减小。直至，最后近于成品管半径。这种孔型系变形均匀，共用性大，易于机械加工，但管坯在孔型中易窜动，稳定性小，焊缝易产生"桃尖形"，影响焊缝质量。目前这种孔型系广泛用于小口径成型时管坯边缘所产生的相对延伸较大。第二种孔型系是边部弯曲半径恒定，且等于成品管半径，中部弯曲半径较大且随成型道次增加逐渐减小的双圆弧孔型系，如图 4-18（b）所示。这种孔型系比较完善，管坯在孔型中变形分布较均匀，孔型磨损也较均匀，管坯在孔型中比较稳定，管坯边部造型质量好，它适用于各种规格和钢种的管坯造型，尤其是适合于厚壁管的造型。其缺点是共用性小。我国目前主要采用第一种孔型系。

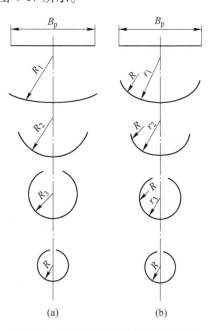

图 4-18　常用连续辊式成型机孔型系
（a）单圆弧孔型系；（b）双圆弧孔型系

B　排辊式冷弯成型法

排辊式冷弯成型法是近年来在中型直缝电焊管成型工艺基础上发展起来的一种新的成型技术。在连续辊式成型机上成型大直径（$\phi >$ 400mm）薄壁管时，最大问题是管坯两边产生"边缘伸长"。容易产生折皱现象，这将造成成型不稳定，焊接困难，因此必须在孔型设计时设法防止产生折皱。

为防止边缘产生折皱，一是控制边缘延伸，二是将延伸了的边缘以压应变的方式在轧辊间吸收。排辊（CFE）成型法的特点是沿管坯轴线方向边缘外侧配置了轧辊群以控制边缘延伸，同时轧辊群由外侧束缚管坯边缘，将边缘延伸作为压缩变形的形式被吸收，所以这是一种既能防止边缘"延伸"又能吸收边缘"延伸"的成型法，如图 4-19 所示。

4.3.1.2　中小口径管电焊焊接法

高频焊电阻焊接钢管分低频电流（50~360Hz）焊接法和高频电流（200~450kHz）焊接法。高频电流焊接法又分为高频接触焊和高频感应焊两种。目前，新建设的焊管厂全部采用高频焊接法。

电阻焊接钢管法是一种压力焊接法，它是利用通过成型后的管坯边缘 V 形缺口的电流产生的热量，将焊缝加热至焊接温度然后加压焊合。

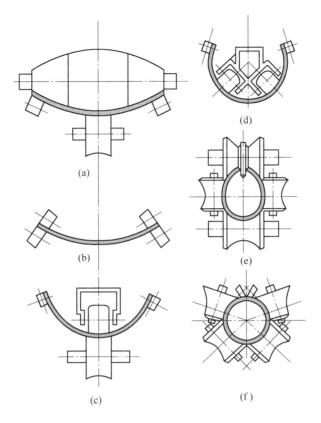

图 4-19 排辊成型法过程示意图

低频电阻焊接钢管的原理如图 4-20 所示。用铜合金制造的两个大电极轮分别与管材两边缘接触，电流由变压器次级线圈供给，电流从一个电极轮通过管材边缘部 V 形缺口流向另一个电极轮。由于电阻发热使边缘部 V 形缺口被加热到焊接温度并靠挤压辊的挤压作用，使金属原子迅速扩散，产生再结晶而焊合成钢管。电极轮采用导电性好，高温强度高的 Cu-Cd，Cu-Cr 合金制造。

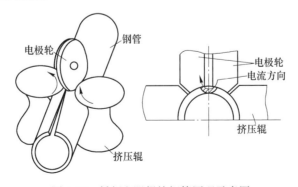

图 4-20 低频电阻焊接钢管原理示意图

高频接触焊如图 4-21（a）所示，是利用两块接触片（电极或焊脚）分别与管坯两边缘接触，电流从一个接触片沿 V 形缺口流向另一个接触片，因电流频率高而产生集肤效应和邻近效应使 V 形缺口在瞬间被加热到焊接温度，同时加压焊合成钢管。另一部分电流从一个接触片经过管坯圆周流向另一个接触片作为热损失而消耗掉。

高频感应焊接法如图 4-21（b）所示，是钢管从感应圈中间通过，当感应圈中通高频电流时产生高频磁场，因而在钢管中产生涡流电流，密集的涡流电流流经管坯边缘 V 形缺口，管坯因自身阻抗而迅速被加热到焊接温度，同时加压焊合成钢管。加热 V 形缺口的电流称为高频感应焊接电流，而沿管坯横截面外周向内层流动的是循环电流，循环电流将管坯周身加热，这是一种热损失。为增加焊接电流，减少循环电流，一般是在感应圈（或接触片）下部位置空心体的管坯中心放置一个磁棒，以增加管坯内表面的感抗。

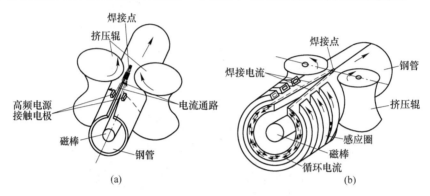

图 4-21　高频焊接原理
（a）高频接触焊；（b）高频感应焊接

焊接过程的根本问题是焊缝质量问题，焊缝质量主要受管坯材质和几何尺寸精度以及焊接中各工艺因素的影响。生产中必须做到：（1）正确控制管坯几何尺寸，使管坯全长上等宽，严禁月牙弯以保证焊接中焊缝压力相等；（2）正确放置接触片（或感应圈）的位置；（3）焊接温度与焊接速度恰当配合。焊接温度与电源供给焊缝的热量多少有关，热量过多造成焊缝过烧；否则又会造成焊接热量不足；（4）控制管坯的化学成分。管坯中碳当量增加则焊接处硬度高，塑性低，对剪断及后部加工工序均有困难，在弯曲成型加工时容易产生裂纹；（5）控制挤压辊的挤压量，挤压量大形成毛刺量大，挤压量小则焊缝不稳定，产生不完全焊合现象。

4.3.2　UOE 直焊缝电焊管生产工艺

UOE 直焊缝电焊管生产工艺是将预先经过刨边、打坡口和边部预弯曲的钢板、依次进入 U 形压力机和 O 形压力机压制成管筒，然后焊接成钢管。UOE 法是生产大口径直缝电焊管的主要方法。

管坯采用 UOE 法成型与用辊式弯板机成型相有较好的成型质量和较高的生产率。与螺旋焊相比较，UOE 法有如下特点。

（1）UOE 可生产的最大直径达 1625.6mm，最大壁厚达 32mm，螺旋焊管最大壁厚只达 25.4mm。

（2）UOE 法操作简单，质量容易保证，焊缝产生缺陷的几率小。

（3）UOE 机组产量高，一台 UOE 焊管机组的产量一般相当于 4~6 台螺旋焊管机组的总产量。

（4）UOE 焊管经过机械扩管后，可提高钢管强度和内径尺寸精确度，管道铺设维修比较方便。

（5）UOE 设备比螺旋焊管机组大，费用高，且不能像螺旋焊管那样使用较窄和较小规格的板卷能生产出不同直径的大口径钢管。UOE 直焊缝电焊管生产工艺流程如图 4-22 所示。其主要工序如下。

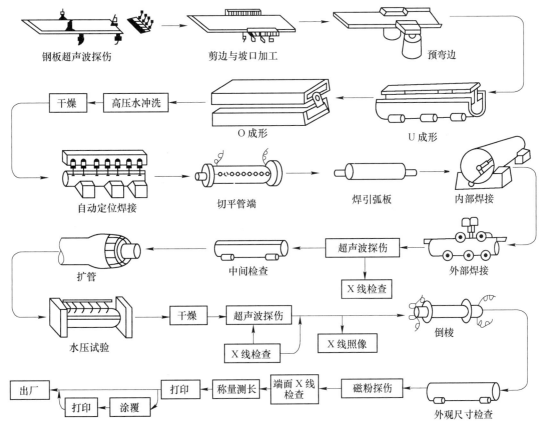

图 4-22　UOE 直焊缝电焊管生产工艺流程示意图

4.3.2.1　预处理

预处理的内容有探伤、刨边、打坡口和边部预弯曲。刨边加工有两个目的：一是把钢板加工成钢管直径要求的板宽；二是根据焊接工艺要求将板边加工成有一定形状的坡口，以保证获得良好均匀的焊缝。成型前将钢板两边预弯曲目的是为了便于获得正确真圆度的管筒。边部预弯曲是在压力机或辊压机上进行。

4.3.2.2　成型、冲洗和干燥

UOE 法成型过程如下：经预先处理的钢板送入 U 形压力机中，首先用定心装置使钢板与压力机对正中心，然后用油缸驱动压头把钢板全长一次压成 U 形。经 U 形压力机成型后，用立辊装置将 U 形钢板竖着送往 O 形压力机，此时润滑剂喷射装置自动向 U 形钢

板外表面喷射水溶性的润滑剂。然后用电动的侧辊把支持在下模底部自由辊上的 U 形钢板送入 O 形压力机中。此加工过程是将钢板弯曲和反弯曲，逐渐使 U 形钢板紧贴模的内壁，并在最后进行直径压缩过程。UOE 成型中关键问题是在 O 成型中对钢板边缘施加足够压力，使边缘对边紧密贴紧，以保证成型质量。

O 成型后管筒用辊道输送到高压水清洗处进行内、外表面的清洗，除掉残留在管子上的油脂和氧化铁皮，清洗后的钢管送到热风（风温约 300℃）循环式干燥机中干燥。

4.3.2.3　预焊、本焊和扩管

预焊（或定位焊）是本焊前的一道重要工序，预焊好坏直接影响本焊后的焊管质量。干燥后的管筒，用框架上的夹紧工具把管筒固定（焊缝朝上），用手工电弧焊或二氧化碳、惰性气体保护焊（MTG）、自动非连续焊（点焊）或连续焊进行定位焊接，定位焊接的目的是防止内、外焊接时发生偏心。预焊后的钢管用平头机车平管筒两端面，用手工在两端焊缝处焊上引弧板，然后开始本焊。

本焊也叫正焊。先内焊后外焊。内焊时可管筒固定，焊头移动，也可焊头固定，管筒移动，但大多数采用前种焊接方式。在内焊之前管子进入框架后使焊缝朝下，再用夹紧工具定位。此时将装在悬臂横梁上的焊头伸入管筒里端，然后横梁由里向外移动，边移动边焊接。内焊采用双丝埋弧焊接，如图 4-23 所示。

扩管目的有两个：一个是矫正由焊接热造成的钢管变形，使钢管真圆度和平直度达到要求精度；另一个是消除因焊接造成焊缝的残余应力，避免油井、气井中氢气作用而发生的氢脆破裂。扩管机有水压式、机械式，近年几乎是用机械式。机械式在生产大直径焊管时的扩管率高，易满足钢管内径几何尺寸的严格要求，真圆度好，管端形状和尺寸较精确。机械扩管原理如图 4-24 所示，液压缸通过拉杆拉动棱锥体时借助斜块使扇形块径向胀缩，达到扩管要求。

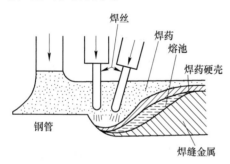

图 4-23　双丝埋弧电弧焊

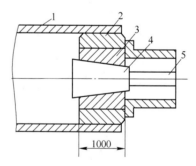

图 4-24　机械扩管示意图
1—钢管；2—扇形块；3—斜块；
4—棱锥体；5—拉杆

4.3.3　螺旋电焊管生产工艺

螺旋焊管法出现于 1888 年，主要用于生产直径(489~2450)mm×(0.5~25.4)mm，长度为 6~35m 的输送管道用管、管桩和某些机械结构用管。

螺旋焊与 UOE 法相比有以下优点：

（1）用同样宽度的带钢可生产不同直径的钢管。

（2）内、外焊缝呈螺旋形，具有增加钢管刚性的作用。

（3）钢管笔直度好，不需设置矫直机，外径椭圆度小，但钢管外径偏差比 UOE 成型法的大。

（4）生产过程易于实现机械化、自动化和连续化。

（5）设备外形尺寸小，占地面积少，投资少，建设快。

螺旋焊管机组（见图 4-25）的生产方式分为连续和间断式两种，机组采用螺旋成型。它分上卷成型和下卷成型（见图 4-26）。前者设备简单、操作调整方便、生产产品规格范围广，故较后者好。但是，目前采用高频电阻焊接钢管却需采用下卷成型法。焊缝焊接采用内、外双弧焊机。焊缝可搭接或对接，为保证焊缝质量，必须控制焊丝对准焊缝中心，为此螺旋焊管机组设有内外焊头跟踪机构。

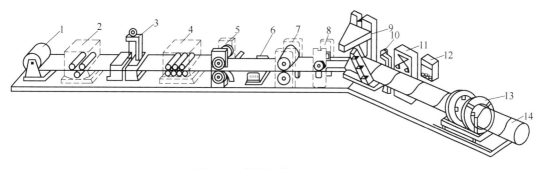

图 4-25　螺旋焊管机组示意图

1—板卷；2—三辊直头机；3—焊接机；4—矫直机；5—剪边机；6—修边机；7—主动递送辊；8—弯边机；
9—成型机；10—内自动焊接机；11—外自动焊接机；12—超声波探伤机；13—剪切机；14—焊管

螺旋焊管生产新的工艺是采用分段焊接，先在一台螺旋焊管机上进行成型和预焊（点焊），然后在最终焊接设备上进行内、外埋弧电弧焊接。一台成型及预焊设备可配四条埋弧电弧终焊设备，其产量相当于四台普通的螺旋焊管设备，因此这种新工艺很有发展前途。

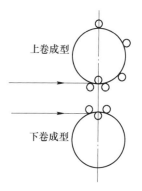

图 4-26　螺旋焊管机
成型方式

4.3.4　连续炉焊管生产工艺

炉焊法生产钢管是将焊管坯加热至 1350~1400℃的焊接温度，然后通过成型焊接机或焊管模（非连续炉焊）受压成型并焊接成钢管的过程。连续式炉焊机组是最先进的生产炉焊管的设备之一。这种机组生产效率高、成本低、机械化及自动化程度高，速度已达 480~630m/min。但焊缝强度比电焊管低，一般仅限于焊接低碳的沸腾钢钢管。主要用作水管、煤气管、电缆护管及结构用钢管。

连续式炉焊机组生产线是由焊管坯准备装置、加热炉、成型焊接机、飞锯、定（减）径机及其他精整设备等所组成。炉焊管生产工艺流程如图 4-27 所示。带钢经开卷、矫直、切头、对焊、刮焊刺等工序后进入活套装置，由活套装置经预热炉再进入加热炉加热至规定的温度。

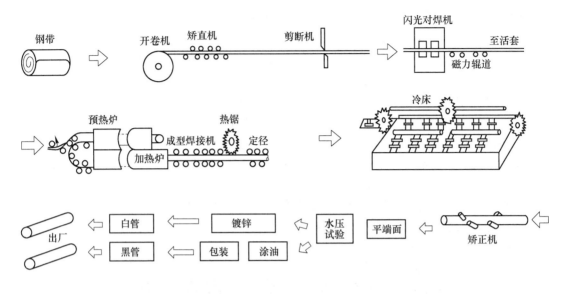

图 4-27　连续炉焊管生产工艺流程图

加热炉为细长形式的通道，即隧道式的三段式或四段式加热炉，出炉的带钢经炉子出料端两侧喷嘴对带钢边缘进行第一次喷吹空气（或氧气）以提高带钢边缘温度，同时去掉带钢表面氧化铁皮，随后带钢经过由 6~14 机架组成的成型焊接机进行成型、焊接。成型焊接机为二辊式，相邻机架轧辊轴线互为 90° 角交替布置，第一架为立辊，第二架为水平辊。在第一对立辊机架（成型机架）中带钢弯曲成近似于马蹄形管坯，圆心角为 270° 开口应向下以防止熔渣等掉入管内。在第 1~2 机架间设有喷边喷嘴。喷嘴顶部钻有小孔使空气（或氧气）喷到管坯边缘上，借助铁氧化时放出的热量使管坯边缘充分温升，以便在第二机架进行锻接，喷吹还起到清除边缘氧化铁皮及其他杂质及对带钢的导向和定位作用，防止缝口扭曲。第二架以后的各机架均起到减径作用，每机架减径量约 5%~8%。钢管经成型焊接后，进行锯切、定径、冷却，然后依次进行精整、试验检查、打印、涂油等工序，即可出厂。

4.4　管材冷加工工艺

管材冷加工包括冷轧、冷拔、冷张力减径和旋压。因为旋压的生成效率低、成本高，主要用于生产外径与壁厚比在 2000 以上的特薄壁高精度管。冷轧、冷拔是目前管材冷加工的主要手段。冷轧的突出优点是减壁能力强，如二辊式周期冷轧机一道次可减壁 75%~85%，减径 65%，可显著地改善来钢管的性能、尺寸精度和表面质量。冷拔一道次的断面收缩率不超过 40%，但它与冷轧比，设备比较简单，工具费用少，生产灵活性大，产品的形状规格范围也较广。所以冷轧、冷拔联用被认为是合理的工艺方案。

冷加工设备上进行温加工近年来引起普遍重视。一般用感应加热器将工件在进入变形区前加热到 200~400℃，使金属塑性大为提高，温轧的最大伸长率约为冷轧的 2~3 倍；温拔的断面收缩率提高 30%。使一些塑性低、强度高的金属也有可能得到精加工。关键在于寻得合适的润滑剂。但对温加工温度范围内塑性反降低的材料不能使用。图 4-28 是碳钢管和合金钢管的冷轧、冷拔生产工艺流程图。各种钢管由于其钢种特性不同，技术条件不同或壁厚不同，其生产工艺流程、工序的安排及其工艺制度也有所不同。但是由于都是冷加工过程，所以各种管材的工艺流程共性是一致的。

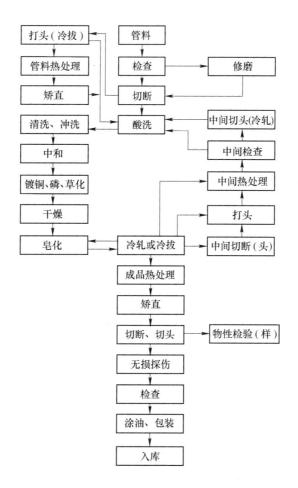

图 4-28　是碳钢管和合金钢管的冷轧、冷拔生产工艺流程图

4.4.1　管材冷拔的主要方法

冷拔可以生产直径 0.2~765mm，壁厚 0.015~50mm 的钢管，是毛细管、小直径厚壁管以及部分异形管的主要生产方式，目前直线运动冷拔机的最大拔制长度已达 50m。

图 4-29 是现有冷拔管材的主要方法。

空拔（图 4-29（a）所示）：它用于减径、定径，每道最大延伸系数 1.5。这主要受变形区内模断面上不均匀变形和材料本身强度的限制。对薄壁管还需考虑变形区内管体横断面形状稳定性的限制，所以无芯头拔制时壁厚与外径比不得小于 0.04。

浮动芯头拔制（图 4-29（b）所示）：它主要用于生产小径长管，每道延伸系数 1.2~1.8。它与上述空拔都是毛细管、小径厚壁管生产的主要方法，都采用卷筒拔制，卷筒拔

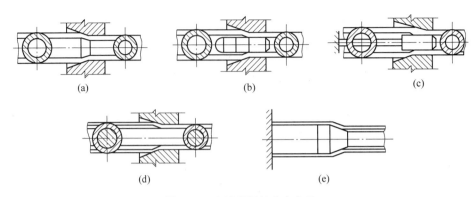

图 4-29　冷拔管材的生产方法

制的最大管径钢管 36mm，铜管 60mm；最大拔制速度，钢管达到 300m/min，铜管达到 720m/min；拔制长度在 130~2300m；卷筒直径视拔制的管径和壁厚而定，管径越大管壁越薄，卷筒直径应越大，目前最大卷筒直径已达 3150mm。确定延伸系数时应注意，卷筒拔制要比直线拔制小 15%~20%。

短芯头拔制（图 4-29（c）所示）：这种拔制方法同时减径减壁，应用较广，一道的最大延伸系数 1.7 左右，主要受到被拔管体强度的限制，小直径管有时受到芯杆强度的限制。

长芯棒拔制（图 4-29（d）所示）：这种拔制方法的减壁能力强，可获得几何尺寸精度较高，表面质量较好的管材。小直径薄壁管（外径小于 3.0mm，壁厚小于 0.2mm），目前只有用此法生产。此法一道的最大延伸系数 2.0~2.2。为取消脱棒工序，现已研究出了冷拔和脱棒合并进行的方法，如冷拔的同时辗轧管壁，拔后便可自行脱棒。

冷扩管（图 4-29（e）所示）：冷扩管方法主要用于生产大直径薄壁管，进行管材内径的定径，制造双金属管等。一般钢管扩径量为 15%~20%。

管材冷拔目前发展的总趋势是多条、快速、长行程和拔制操作连续化。如曼内斯曼——米尔公司制造的链式高速、多线冷拔管机，拔制速度达到 120m/min；同时可拔 5 根；最大拔制长度 60m。该厂生产的履带式冷拔机可以连续拔制，最大拔制速度为 100~300m/min。

4.4.2　管材冷轧的主要方法

目前生产中应用最广的还是周期式冷轧管机，它是获得高精度薄壁管的重要手段，也是外径或内径要求高精度的厚壁管和特厚壁管，以及异型管、变断面管等的主要生产方法。两辊式周期冷轧管机的生产规格范围为：外径 4~250mm，壁厚 0.1~40mm。并可生产外径与壁厚比等于 60~100 的薄壁管。图 4-30 是两辊式周期冷轧管机的工作过程示意图。

两辊式周期冷轧管机的孔型沿工作弧由大向小变化，入口来料外径略大，出口与成品管直径相同，再后孔型略有放大，以便管体在孔内转动。轧辊随机架的往复运动在轧件上左右滚轧。如以曲拐转角为横坐标，操作过程如图 4-30（b）所示。开始 50°将坯料送进，然后在 120°范围内轧制，轧辊辗至右端后，再用 50°间隙轧件转动 60°，芯棒也作相应旋转，只是转角略异，以求芯棒能均匀磨损。回轧轧辊向左滚辗，消除壁厚不均提高精度，直至左端止。如此反复。

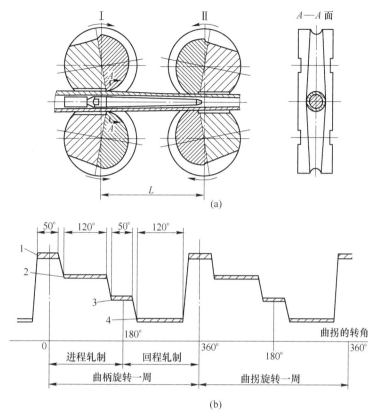

图 4-30 两辊式周期冷轧管机的工作过程示意图
（a）运动示意图；（b）操作示意图

图 4-31 为多辊式周期冷轧管机的工作示意图，1952 年由前苏联研制成功。这种轧机的操作过程和两辊式相同，不同的是对轧件 1 的加工是由安装在隔离架 2 内的 3~5 个小辊 3 进行的，小辊沿着固定在机头套筒 5 上的楔形滑轨 4 往返运动，依靠滑轨的摩擦力传动滚轧管材。机头套筒和小辊隔离架间的运动关系如图 4-31（b）所示，摇杆在往复摆动的过程中，一般使套筒两倍于隔离架的速度运行。楔形滑轨的表面曲线按变形要求设计。这种冷轧机送进量小，一道次最大横截面收缩率约 70% 左右。但它的辊径小，同样变形量的轧制压力小；用多辊组成孔型轧槽浅，轧件和工具之间的滑动小，因而这种轧机可以生产高精度的特薄壁管。目前生产的规格范围为直径 4~120mm，壁厚 0.03~3.0mm。外径与壁厚比为 150~250。

近年来冷轧的发展趋势是多线、高速、长行程，坯料长度也不断增长。"多线"轧制目前已应用很广，2、3、4、6 线冷轧机均有投产。"高速"是指不断提高机头单位时间内的往复次数。为了减小主传动系统承受的周期性变化的负载幅度，这类轧机皆设有动力平衡装置，现在高速冷轧机的速度约比旧式轧机提高一倍左右。"长行程"是指加大送进量，每次轧制的延伸长度也随之增加，因此要求轧机的行程长度与其相适应，不然就不能获得光洁的表面和尺寸精度。应当指出，马蹄形和环形轧槽也是提高轧制速度和多线轧制的需要，因为同一行程使用这种轧槽的辊径小，降低轧制压力，能减轻整个机架结构。

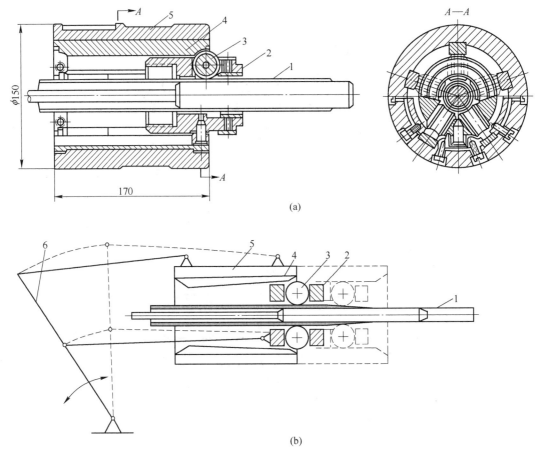

图 4-31   多辊式周期冷轧管机的工作示意图

（a）机头套筒工作示意图；（b）机头运动原理图

为增加变形区的有效长度，还出现了：（1）附加辊架冷轧机，即在主轧机出口侧装置一小辊机架起定径作用，以增加变形区长度；（2）双对辊冷轧机，即将两对轧辊安装在同一机架上；（3）多辊式冷轧机出现了双排多辊式冷轧机，即在同一隔离架上前后各安装一组小辊。

加长坯料是提高轧机利用率的重要措施，近年来的冷轧机最大上料长度一般已达12.5m 左右，几乎增加了一倍。同时也产生了一个问题，就是如何改变上料和上芯棒的方法，缩短已经很长的机身长度，如采用双丝杠侧装料结构等。

 练习题

4-1   生产管材使用的原料有哪几种？分别适用于哪种穿孔方式？

4-2   轧管方法有哪些？各有什么特点？

4-3   焊管生产的成型有哪些？如何分类？

参 考 文 献

[1] 王廷溥，等．金属塑性加工学——轧制理论与工艺（第三版）[M]．北京：冶金工业出版社，2014．

[2] 王廷溥，等．轧钢工艺学 [M]．北京：冶金工业出版社，1981．

[3] 任吉堂，等．连铸连轧理论与实践 [M]．北京：冶金工业出版社，2002．

[4] 王廷溥，等．关于连铸与轧钢连接模式的商榷 [J]．轧钢，1978（2）：58~63．

[5] 李曼云，等．钢的控制轧制和控制冷却技术手册 [M]．北京：冶金工业出版社，1998．

[6] 王占学，等．控制轧制与控制冷却 [M]．北京：冶金工业出版社，1998．

[7] 日本钢铁协会．钢材生产 [M]．上海宝钢总厂译．上海：上海科技出版社，1981．

[8] 董志洪．世界 H 型钢与钢轨生产技术 [M]．北京：冶金工业出版社，1999．

[9] 重庆钢铁设计院编写．线材轧钢车间工艺参数设计参考资料 [M]．北京：冶金工业出版社，1979．

[10] 王廷溥，等．板带材生产原理与工艺 [M]．北京：冶金工业出版社，1995．

[11] 许石民，等．板带材生产工艺及设备 [M]．北京：冶金工业出版社，2002．

[12] 王国栋，等．中国中厚板轧制技术与装备 [M]．北京：冶金工业出版社，2009．

[13] 陈应耀．我国宽带钢热轧工艺的实践和发展方向 [J]．轧钢，2011，28（2）：1~7

[14] W. L. Roberts. 冷轧带钢生产（上、下册）[M]．王廷溥，等译．北京：冶金工业出版社，1991．

[15] 陈守群，等．中国冷轧板带大全 [M]．北京：冶金工业出版社，2005．

[16] 李长穆，等．现代钢管生产 [M]．北京：冶金工业出版社，1982．

[17] 严泽生，等．现代热连轧无缝钢管生产 [M]．北京：冶金工业出版社，2009．

[18] 首钢电焊钢管厂．高频直缝连焊管生产 [M]．北京：冶金工业出版社，1982．